U0791798

普通高等教育高职高专“十二五”规划教材　电气类

配电系统自动化

主　编　张志刚　熊　巍
副主编　邓海鹰　罗宇强　刘志远
程天龙

中国水利水电出版社
www.waterpub.com.cn

内 容 提 要

《配电系统自动化》是一本面向电气自动化类专业的配电自动化技术教材。共分为7章，第1章概述，介绍了配电自动化的基本概念和应用领域等；第2章通信系统，对配电自动化系统的通信系统进行了比较详细的阐述；第3章变电站综合自动化系统，对变电站综合自动化系统的发展趋势、主要功能和结构特点、RTU的输入输出通道，数据处理方面进行了介绍；第4章馈线自动化、第5章配电网SCADA系统，对馈线自动化、配电网SCADA系统等方面进行了阐述；第6章配电地理信息系统、第7章配电管理系统，对目前的配电地理信息系统、配电管理系统的结构、应用等进行了介绍。每章后面都附有习题，以帮助读者理解和较全面地掌握配电自动化的理论及应用知识。

本教材可作为高职院校电气类专业学生的教材，也可作为从事配电自动化方面工作的工程技术人员的参考用书。

图书在版编目（CIP）数据

配电系统自动化 / 张志刚，熊巍主编. -- 北京 : 中国水利水电出版社，2015.8（2022.2重印）
普通高等教育高职高专“十二五”规划教材. 电气类
ISBN 978-7-5170-3642-5

Ⅰ. ①配… Ⅱ. ①张… ②熊… Ⅲ. ①配电系统－自动化技术－高等职业教育－教材 Ⅳ. ①TM727

中国版本图书馆CIP数据核字(2015)第217907号

书　　名	普通高等教育高职高专“十二五”规划教材　电气类 **配电系统自动化**
作　　者	张志刚　熊巍　主编
出版发行	中国水利水电出版社 （北京市海淀区玉渊潭南路1号D座　100038） 网址：www.waterpub.com.cn E-mail：sales@waterpub.com.cn 电话：（010）68367658（营销中心）
经　　售	北京科水图书销售中心（零售） 电话：（010）88383994、63202643、68545874 全国各地新华书店和相关出版物销售网点
排　　版	中国水利水电出版社微机排版中心
印　　刷	清淞永业（天津）印刷有限公司
规　　格	184mm×260mm　16开本　8印张　190千字
版　　次	2015年8月第1版　2022年2月第2次印刷
印　　数	4001—6500册
定　　价	**28.00**元

前言

配电自动化技术是利用现代电子、计算机、通信及网络技术的重要配电技术，也是一个复杂性与综合性极高的系统工程。其目的是提高供电可靠性，改进电能质量，向用户提供优质服务，降低运行费用，减轻运行人员的劳动强度。在工业发达国家中，配电系统自动化受到了广泛地重视，美国、日本、德国、法国等国家的配电系统自动化，已经形成了集变电站自动化、馈线分段开关测控、电容器组调节控制、用户负荷控制和远方抄表等系统于一体的配电网管理系统（DMS）。

目前，我国有近百个城市的供电企业实施了各具特色的配电网自动化系统，取得了初步成绩。但是，要解决我国配电自动化中的技术难点仍然任重而道远。

配电自动化的发展大致分为三个阶段：

第一阶段是基于自动化开关设备相互配合的配电自动化阶段，主要设备为重合器和分段器等，不需要建设通信网络和计算机系统。其主要功能是在故障时通过自动化开关设备相互配合实现故障隔离和健全区域恢复供电。这一阶段的配电自动化系统局限在自动重合器和备用电源自动投入装置。自动化程度较低，这些系统目前仍大量应用。

第二阶段的配电自动化系统是基于通信网络、馈线终端单元和后台计算机网络的配电自动化系统，在配电网正常运行时也能起到监视配电网运行状况和遥控改变运行方式的作用，故障时能及时察觉。并由调度员通过遥控隔离故障区域和恢复健全区域供电。

第三阶段的配电自动化系统是在第二阶段的配电自动化系统的基础上增加了自动控制功能。形成了集配电网 SCADA 系统、配电地理信息系统、需求侧管理（DSM）、调度员仿真调度、故障呼叫服务系统和工作管理等一体化的综合自动化系统，形成了集变电所自动化、馈线分段开关测控、电容器组调节控制、用户负荷控制和远方抄表等系统于一体的配电网管理系统（DMS）。

本教材从配电网通信系统、变电站综合自动化系统、馈线自动化、配电网 SCADA 系统、配电地理信息系统、配电管理系统等几方面对目前的配网自动化进行了介绍。全书由张志刚统稿，第 1 章～第 3 章由熊巍、程天龙编写；第

4 章、第 5 章由张志刚、邓海鹰、罗宇强编写；第 6 章、第 7 章由刘志远编写。

配电网自动化系统是配电网未来的发展趋势，但实施配电网自动化过程中仍面临解决一些技术难点问题。教材在编写过程中参考了目前国内、外的一些最新成果和实际应用，书中难免会有疏漏和错误，恳切希望广大读者批评指正。

编　者

2015 年 7 月

目录

第1章 概　述

1.1 电力系统的基本概念

1.1.1 电力系统的组成

电能是现代社会中最重要、最方便的能源。电能具有许多优点，它可以方便地转化为别种形式的能，例如机械能、热能、光能、化学能等；它的输送和分配易于实现；它的应用规模也很灵活。因此，电能被广泛地应用于工农业、交通运输业、商业贸易、通信以及人民的日常生活中。由发电、输电、变电、配电和用电等环节组成的电能生产与消费系统，称为电路系统。它的功能是将自然界的一次能源通过发电动力装置转化成电能，再经输电、变电和配电将电能供应到各用户。为实现这一功能，电力系统在各个环节和不同层次还具有相应的信息与控制系统，对电能的生产过程进行测量、调节、控制、保护、通信和调度，以保证用户获得安全、经济、优质的电能。

图 1.1 所示为一个简单电力系统的电力生产和使用过程示意图。

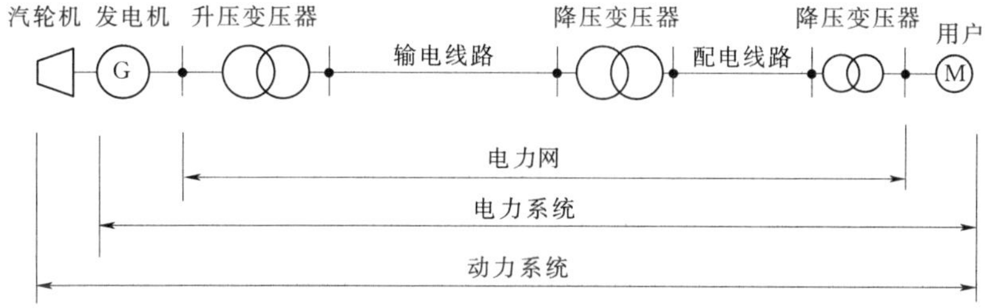

图 1.1　简单电力系统示意图

这些由发电厂、升压变电站、输电线路、降压变电站及电力用户所组成的统一整体，称为电力系统。电力系统加上带动发电机转动的动力装置构成的整体称为动力系统。其中，由各类升压变电站、输电线路、降压变电站组成的电能传输和分配网络称为电力网。

现代的电力系统，都是由许多的发电厂、变电站和输电线路相互连接在一起构成联合运行的系统。联合运行的电力系统在技术和经济上比孤立运行的电力系统有很多明显的优势，可以采用大型机组降低造价和燃料消耗；各地方电网之间可以互相调剂调度支援电能，从而减少系统备用容量；还可以利用水火电厂之间的调节，达到错峰和调峰的目的，更加充分合理地利用能源来提高经济效益。如图 1.2 所示为有多个电源的电力系统示意图。

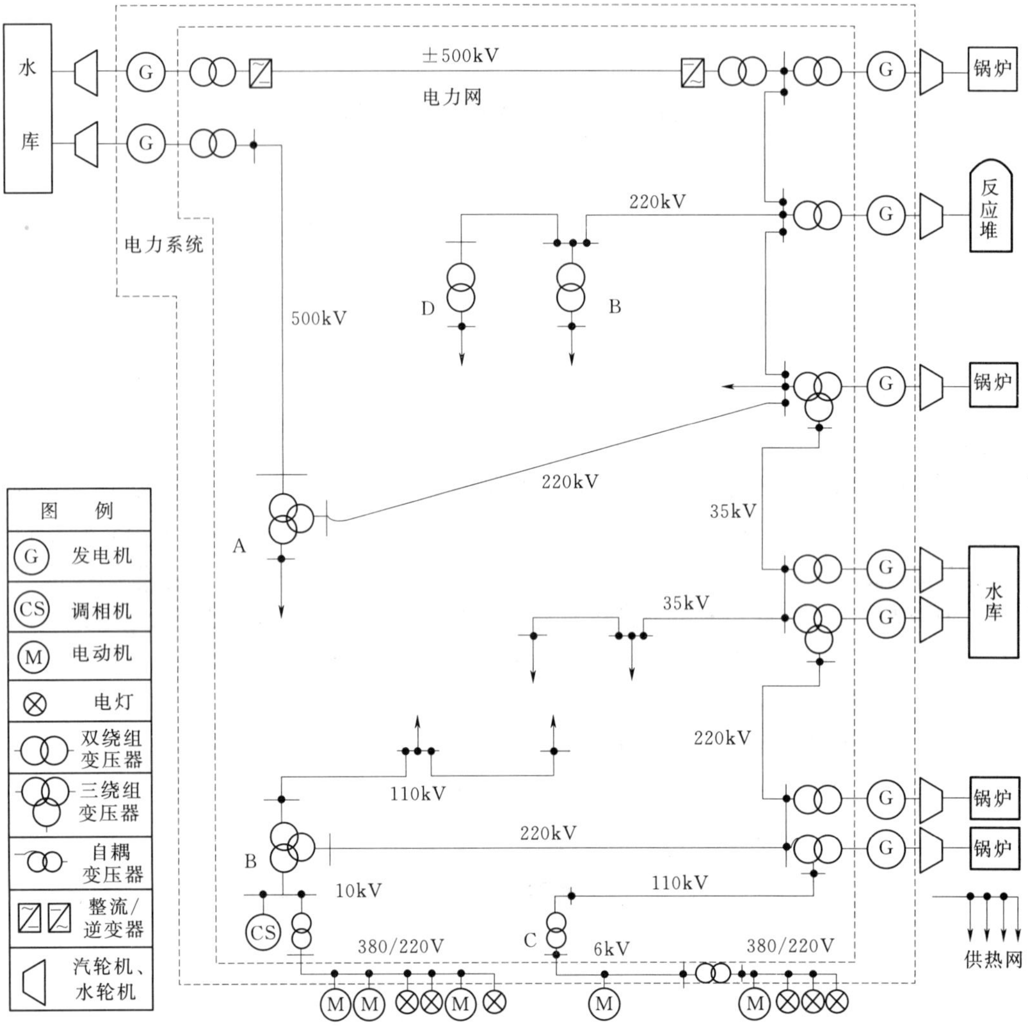

图 1.2 多电源电力系统示意图

1.1.2 电力系统运行生产的特点

电力系统是由电能的生产、输送、分配和消费等各环节组成的一个整体。与别的工业系统相比较，电力系统的运行具有如下的明显特点。

1. 电能不能大量存储

电能的生产、输送、分配和消费实际上是同时进行的。电力系统中发电厂在任何时刻发出的功率必须等于该时刻用电设备所需的功率、输送和分配环节中的功率损失之和。

2. 电力系统的暂态过程非常短促

电力系统中各个元件的投切和电能的输送过程几乎都在瞬间进行，即电力系统从一种运行状态到另一种运行状态的过渡极为迅速。

3. 与国民经济的各部门及人民日常生活有着极为密切的关系

供电的突然中断会带来严重的后果。如果电能供应不足或中断将直接影响工农业的生产，也会给人民生活带来诸多不便。

1.1.3 对电力系统的基本要求

对电力系统运行的基本要求有如下几点。

1. 保证安全可靠的供电

保证安全可靠地发、供电是对电力系统运行的首要要求。在运行过程中，供电的突然中断大多由事故引起，一旦供电中断将使工农业生产停顿、社会生活混乱，甚至会危害人身和设备安全，造成十分严重的后果。

2. 保证合格的电能质量

电能质量主要由交流电的频率、电压和波形等指标所决定，供给用户的电能必须满足电气设备对电能质量的要求，在规定的额定值允许变化范围之内。

3. 要有良好的经济性

为了提高电力系统运行的经济性，必须尽量地降低发电厂的煤耗率（水耗率）、厂用电率和电力网的损耗率。这就是说，要求在电能的生产、输送和分配过程中减少耗费、提高效率。为此，应做好规划设计，合理利用能源；采用高效率低损耗设备；采取措施降低网损；实行经济调度等。

4. 尽可能减小对生态环境的有害影响

目前我国火电厂装机占总装机容量的70%以上，在今后相当长一段时间内火电发电用一次能源仍以煤炭为主，煤炭燃烧会产生大量的二氧化碳、二氧化硫、氮氧化物、粉尘和废渣等，这些排放物都会对生态环境造成有害影响。因此，限制污染物的排放量，使电能生产符合环境保护标准，也是对电力系统运行的一项基本要求。

总之，对电力系统的基本要求可以简单地概括为安全、可靠、优质、经济、环保。

1.2 配电网的基本概念

1.2.1 配电网定义及特点

在现代电力系统中，大型的发电厂往往远离负荷中心，发电厂发出的电能，一般要通过高压或超高压输电网络送到负荷中心，然后在负荷中心由电压等级较低的网络把电能分配到不同电压等级的用户。这种在电力网中与输电网络和用户相连，主要起分配电能作用的网络就称为配电网络。一般 110kV 及以下线路和设备构成的电力网均可称为配电网络。

在我国按电压等级来分，配电系统可分为高压配电网（35～110kV）、中压配电网（6～10kV）和低压配电网（220～380V），如图 1.3 虚线框内所示，虚线框外部为发电厂及输电网络。现代大、中城市的配电网，大部分从 220kV 及以上电网取得电源，再以 10kV 及以上线路伸入市区，在负荷密集、用电量很大的一些市区，已改用 220kV 线路伸入市区的供电方式。而建于市区负荷中心的降压变电站再将高压降为 10kV 或 0.4kV 电压后向用户供电，这部分电网一般由 10kV 线路、配电所、开闭所、箱式配电所、柱上变压器等组成，也就是我们所重点要讨论的中压配电网。

配电网按供电区的功能来分，又可分为城市配电网、农村配电网、工厂配电网等。不同的供电区配电网的特点也就不尽相同，总体来说配电网的特点一般有：深入城市中心和居民密集点；传输功率和距离相对输电网来说一般不大；供电容量、用户性质、供电质量和可靠性要求千差万别，各不相同。因此，在实施配电自动化的过程中要了解负荷的性质、负荷的数量以保证各负荷不同的供电可靠性；在结构上，配电网络最大的特点是作为电力网的末端而直接和用户相连，配电网络结构的合理与否、自动化水平的高低直接影响到用户的用电质量和可靠性。

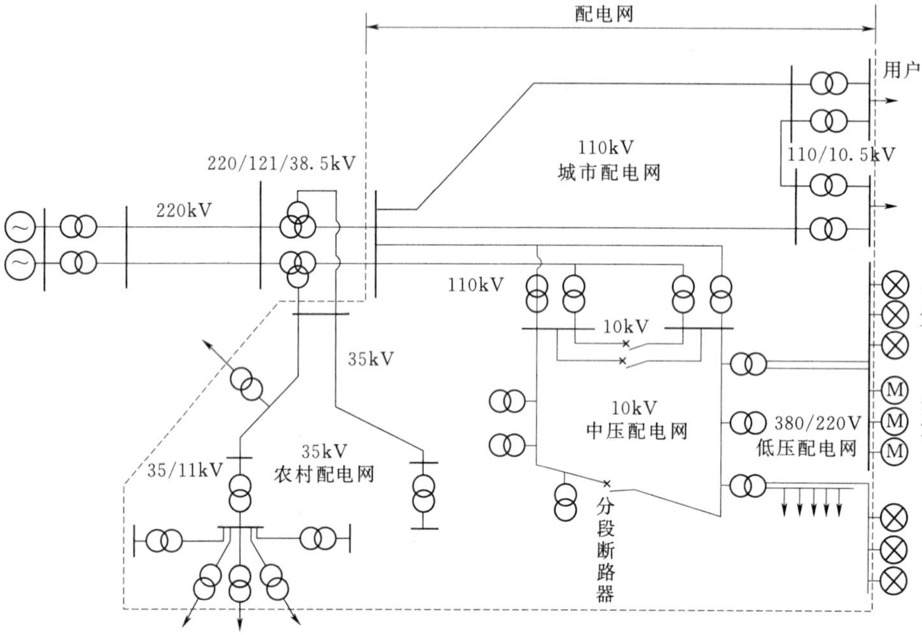

图 1.3 输电网与配电网络示意图

我国配电网的另一重要特点是中性点不接地，在发生单相接地时仍允许供电一段时间。因此，我国在实施配电网自动化的过程中不能直接引进国外设备，而必须结合我国的实际情况逐步加以改进。

1.2.2 配电网的接线方式

配电网的接线是由高、中、低配电线路和联系它们的变、配电所组成的。不管是农村配电网还是城市配电网，其接线方式根据供电可靠性的要求基本上可分为有备用和无备用两大类型。无备用的接线方式，当任一回线故障就会使该回线用户停电。有备用的接线方式，符合 $n-1$ 原则的可靠性要求，一回线故障不会造成对用户停电。实际网络接线按配电线路分为架空线路和地下电缆线路。

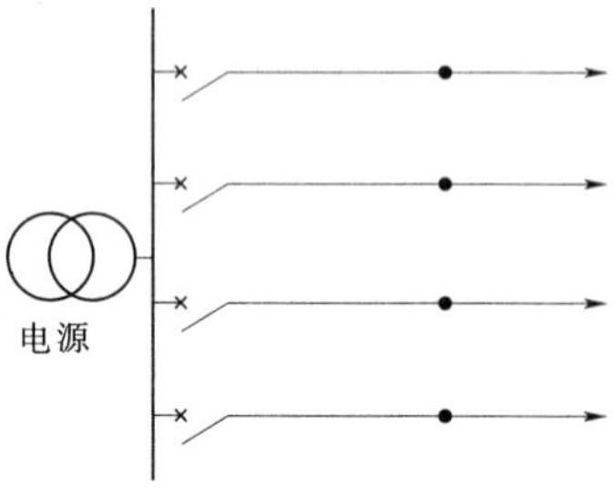

图 1.4 放射式供电接线原理图

架空路线主要有放射式、普通环式、拉手环式、双线放射式、双线拉手环式等五种。

1. 放射式

放射式结构如图 1.4 所示，线路末端没有其他能够联络的电源。这种中压配电网结构简单，投资较小，维护方便，但是供电可靠性较低，只适合于农村、乡镇和小城市采用。

2. 普通环式

普通环式接线是在同一个中压变压器的供电范围内，把不同的两回中压配电线路的末端或中部连接起来构成环式网络，如图 1.5 所示。当中压变电站 10kV 侧采用单母线分段时，两回线路最好分别来自不同的母线段，这样只有中压变电站全停时，才会影响用户用电，而当中压变电站一母线停电检修时，用户可以不停电。这种配电网结构，投资比放射式要高些，但配电线路停电检修可以分段进行，停电范围要小得多。用户年平均停电小时数可以比放射式小些，适合于大中城市边缘，小城市、乡镇也可采用。

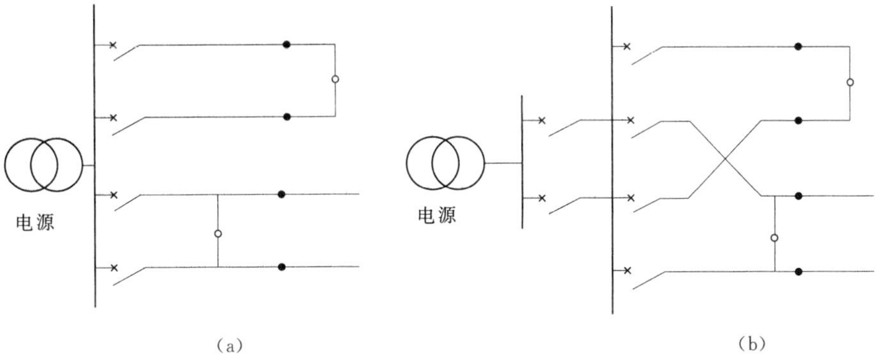

图 1.5 普通环式供电接线原理图

(a) 单母不分段；(b) 单母分段

3. 拉手环式

拉手环式的结构如图 1.6 所示。它与放射式的不同点在于每个中压变电站的一回主干线都和另一中压变电站的一回主干线接通，形成一个两端都有电源、环式设计、开式运行的主干线，任何一端都可以供给全线负荷。主干线上由若干分段点（一般是安装油浸、真空、产气、吹气等各种形式的开关）形成的各个分段中的任何一个分段停电时，都可以不影响其他各分段的停电。因此，配电线路停电检修时，可以分段进行，缩小停电范围，缩短停电时间；中压变电站全停电时，配电线路可以全部改由另一端电源供电，不影响用户用电。这种接线方式配电线路本身的投资并不一定比普通环式更高，但中压变电站的备用容量要适当增加，以负担其他中压变电站的负荷。实际经验证明，不管配电网的接线形式如何，一般情况下，中压变电站主变压器都需要留有 30％的裕度，而这 30％的裕度对拉手环式接线也已够用。当然，推荐的裕度要更高些为 40％。

拉手环式接线有两种运行方式，一种是各回主干线都在中间断开，由两端分别供电，如图 1.6（a）所示。这样线损较小，配电线路故障停电范围也较小，但在配电网线路开关操作实现远动和自动化前，中压变电站故障或检修时需要留有线路开关的倒闸操作时间。另一种是主干线的断开点设在主干线一端，即由中压变电站线路出口断路器断开，如图 1.6（b）所示。这样中压变电站故障或检修时可以迅速转移线路负荷，供电可靠性较高，但线损增加，是很不经济的。在实际应用时，应根据系统的具体情况因地制宜。

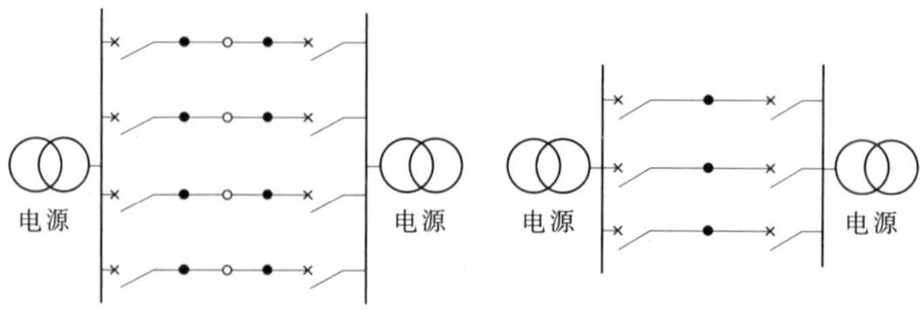

(a) (b)

图 1.6 拉手环式供电接线原理图

(a) 中间断开式；(b) 末端断开式

4. 双线放射式

双线放射式的结构如图 1.7 所示。这种接线虽是一端供电，但每基电杆上都架有两回线路，每个用户都能两路供电，即常说的双“T”接，任何一回线路事故或检修停电时，都可由另一回线路供电。即使两回线路不是来自两个中压变电站，而是来自同一中压变电站 10kV 侧分段母线的不同母线段，也只有在这个中压变电站全停时，用户才会停电。但运行经验说明，同杆架设的两回架空线路和两回电缆线路不同，线路故障时，往往会影响两回线路同时跳闸；而线路检修时，为了人身安全，又往往要求两回线路同时停电，供电可靠性并不一定比拉手环式高。因此最好两回线路不同杆架设，但路径又会遇到很多困难。这样结构造价较高，只适合于一般城市中的双电源用户。当然，对供电可靠性较高的著名旅游区、城市中心区也可采用这种结构，但这些地区往往要求采用电缆线路，不用架空线路。

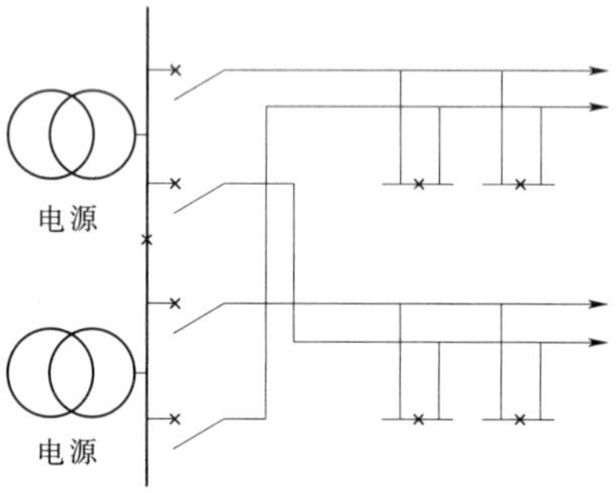

图 1.7 双线放射供电接线原理图

有的地方同杆架设两回架空线路，一回做普通线，一回做专用线，一般用户接在普通线上，重要用户接在专用线上。这样，由于电源不足限电时，可以只停普通用户，不停专业用户；但普通线的负荷很重，专业线的负荷很轻，从网的概念看是很不经济的。

5. 双线拉手环式

双线拉手环式的结构如图 1.8 所示。双“T”接，这种接线两端有电源，从理论上说，供电可靠性很高，但造价过高，很少采用，这里不做详细介绍。

地下电缆线路主要有多回路平行线式、普通环式、拉手环式、双路放射式、双路拉手环式等五种。

1. 多回路平行线式

多回路平行线式的结构如图 1.9 所示。这种接线适用于靠近中压变电站的 10kV 大用户末端集中负荷，可以不要备用电缆，提高电缆的利用系数。由于电缆的导线截面一般是按最大发热电流选择的，两回路时，正常每回路可带 50%的负荷，三回路时 66.6%，四回路时 75%。这些回路一般都分别来自中压变电站 10kV 侧分段母线的不同母线段，只有

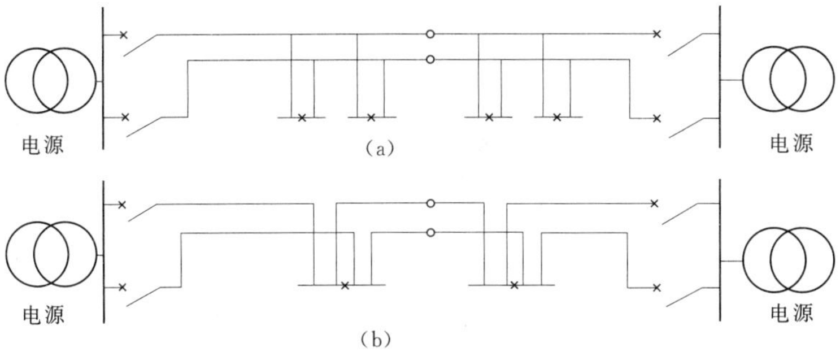

图 1.8 双线拉手环式供电接线原理图

中压变电站全停时用户才会停电，供电可靠性是较高的，年平均停电小时数可以做 20h 或更少些。

2. 普通环式

图 1.9 多回路平行供电接线原理图

普通环式的结构如图 1.10 所示。单一电源供电，由电缆本身构成环式，以保证某段电缆故障时各个用户的用电。图中每个用户入口都要装设由负荷开关或电缆插头组成的"π"接进口设备。不论是负荷开关还是电缆插头都能保证在某一段电缆故障时，把它的两端断开，其他线路继续供电。由于电缆线路查找和排除故障要比架空线路需要更长的时间，一般总是设计成环式，"π"接，极少采用放射式。普通环式接线不能排除中压变电站停电对用户的影响，用户年平均停电小时数一般不宜低于 20h。

3. 拉手环式

拉手环式的结构如图 1.11 所示。它比上述普通环式多了一侧电源，中压变电站停电时，用户不受影响，每段电缆检修，用户也可不受影响，供电可靠性较高。但故障停电时人工倒闸会影响用户用电。

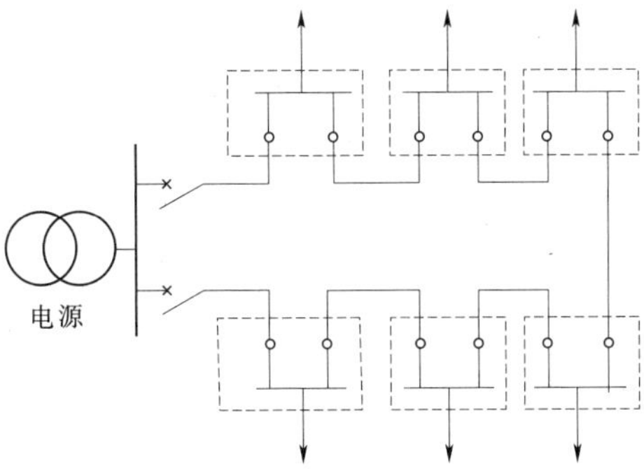

图 1.10 环式供电接线原理图

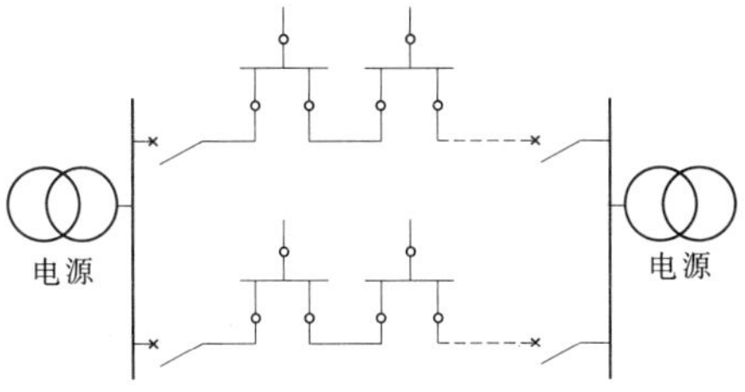

图 1.11 拉手环式电缆供电接线原理图

4. 双路放射式

双路放射式的结构如图 1.7 所示。由于电缆线路的特点，这种接线投资不比拉手环式或普通环式高，而供电可靠性却高了许多。

5. 双路拉手环式

在拉手环式的基础上再增加一回线，形成双路拉手环式，结构如图 1.8（b）所示，双“π”接。这种接线方式对双电源用户基本上可以做到不停电，目前对某些重要用户已采用这种接线供电。

在一个中压配电网或一个中压变电站 10kV 侧的中压配电线中，并不需要全部采用架空线路或电缆线路，接线也不一定全部采用一种形式。例如城市配电网就可采用拉手环式；城市边缘和乡镇配电网就可采用普通环式和放射式；中压变电站邻近的末端集中负荷就可采用多回路平行线式；供电可靠性要求高的就可采用双线放射式或双线拉手环式。总之，一定要结合负荷情况，从实际出发。

另外，上述各种接线方式都避免不了故障时要停电，只是时间长短不一而已。要解决这个问题，单从接线方式着手是不行的，必须发展远动装置和智能原件，提高配电网的远动化和自动化。

1.2.3 我国配电网的现状

由于历史原因，我国在配电网投资方面一定阶段小于输电网投资，使配电网的建设和技术发展受到限制，特别是中低压配电网在建设方面存在无序和不合理等问题，并且供电可靠性差、设备落后、自动化水平低。我国配电网的发展明显滞后于发电、输电，在供电质量方面与国际先进水平也有一定差距。目前，用户遭受的停电时间，绝大部分是由于配电系统原因造成的。配电网落后也是造成电能质量恶化的主要因素，电力系统的损耗有近一半产生在配电网，我国配电网的自动化、智能化程度以及自愈和优化运行能力远低于输电网，因此智能配电网的建设已经成为我国电力产业发展的必然趋势。

1.3 配电网自动化的现状与发展

1.3.1 配电网自动化的定义

“配电网自动化”这一术语于 20 世纪 90 年代由美国提出。但由于各国配电网的发展速度、经历不同，因此目前国际上尚无统一的定义。我国电机工程学会城市供电专业委员会起草的《配电系统自动化规划设计导则》对配电网自动化做了定义：配电网自动化是利用现代计算机技术、自动控制技术、数据通信、数据存储、信息管理技术，将配电网的实时运行、电网结构、设备、用户以及地理图形等信息进行集成，构成完整的自动化系统，实现配电网运行监控及管理的自动化、信息化。其目的是提高供电可靠性，改善供电质量和服务质量，优化电网操作，提高供电企业的经济效益和企业管理水平，使供电企业和用户双方受益，体现企业的社会责任和社会效益。

1.3.2 配电网自动化的内容

为了与输电网自动化的能量管理系统（EMS）相对应，通常又把上述的这种能对变电、配电和用电过程进行监视、控制和管理的综合配电网自动化系统，称为配电管理系统

(Distribution Management System，DMS)。它所包括的内容如下所述：

- 配电管理系统（DMS）
  - 配电自动化（DAS）
    - 配电网 SCADA 系统
      - 进线监控
      - 10kV 开闭所、变电站自动化
      - 馈线自动化（FA）
      - 变压器巡检与无功补偿
    - 配电地理信息系统（GIS）
    - 需方管理
      - 负荷监控与管理（LCM）
      - 远方抄表与计费自动化（AMR）
  - 高级应用
    - 网络拓扑
    - 网络分析（潮流计算）
    - 网络优化（负荷均衡化、降低线损的网络重构、无功/电压优化）
    - 短路电流计算
  - 调度员仿真调度系统（DTS）
  - 客户呼叫服务系统（TCS）
  - 工作票管理系统（WOM）

1. 配电自动化系统

配电自动化系统（Distribution Automation System，DAS）是配电管理系统中最主要的内容，它是一种可以使配电企业在远方以实时方式监视、协调和操作配电设备的自动化系统。它包括以下几个部分：

(1) 配电 SCADA 系统。即配电网数据采集和监控系统，它采集安装在各个配电设备处的终端单元上报的实时数据，并使调度员能够在控制中心遥控现场设备，它一般包括数据库管理、数据采集、数据处理、远方监控、报警处理、历史数据管理以及报表生成等功能。SCADA 包括配网进线监控、配电变电站自动化、馈线自动化和配变巡检及低压无功补偿四个部分。其中，配电网进线监控是完成对配电网进线变电所开关位置、保护动作信号、母线电压、线路电流、有功和无功功率以及电度量的监视。馈线自动化（Feeder Automation，FA）是指在正常情况下，远方实时监视馈线分段开关与联络开关的状态和馈线电流、电压情况，并实现线路开关的远方合闸和分闸操作以优化配网的运行方式，从而达到充分发挥现有设备容量的目的；在故障时获取故障信息，并自动判别和隔离馈线故障区段以及恢复对非故障区域供电，从而达到减小停电面积和缩短停电时间的目的；在单相接地等异常情况下，对单相接地区段的查找提供辅助手段。开闭所和配电变电站自动化（Substation Automation，SA）是完成对配网中 10kV 开闭所、小区变的开关位置，保护动作信号、小电流接地选线情况，母线电压，线路电流，有功和无功功率以及电量的远方监视，开关远方控制，变压器远方有载调压等。变压器巡检与无功补偿是指对配电网中箱式变、变台的参数进行远方监视以及对补偿电容器进行自动投切和远方投切等。

(2) 需求侧管理（Demand Side Management，DSM）。DSM 是指电力的供需双方共同对用电市场进行管理，以达到提高供电可靠性，减少能源消耗及供需双方的费用支出目的。其内容包括负荷监控和管理以及远方抄表与计费自动化两个方面。其中，负荷监控和管理（Load Control Management，LCM），是根据用户情况进行综合分析，确定最优运行和负荷控制计划，对集中负荷及部分工厂用电负荷进行监视、管理和控制，通过合理的电价结构引导用户转移负荷，平坦负荷曲线，降低运行成本，实现负荷均衡化。远方抄表与计费自动化（Automatic Meter Reading，AMR）是指通过各种通信手段读取远方用户电表数据，并将其传送至控制中心，自动生成电费报表或曲线等，它还能实现复费率和各项统计功能，提高营业管理现代化水平。

（3）地理信息系统（Geographic Information System，GIS）。GIS是将配电网设备的地理位置与一些属性数据库（如用户信息、需方管理上报的实时数据等）结合，以便操作和管理人员更加直观地进行配电网的动态分析和运行管理。其内容主要包括：设备管理、用户信息系统、SCADA功能及故障信息显示等。其中，设备管理（Facilities Management，FM）是指将变电站、馈线、变压器、开关、电杆等设备的技术数据反映在地理背景图上，便于进行设备及其静态信息的查询、统计。用户信息系统（Customer Information System，CIS）是指借助GIS系统，对大量用户信息，如用户名称、地址、账号、电话、用电量和负荷、供电优先级、停电记录等进行处理，便于迅速判断故障的影响范围，而用电量和负荷的统计信息还可作为网络潮流分析的依据。SCADA功能及故障信息显示是指GIS通过调用CIS和SCADA功能迅速查明故障区域，对网络结构和供电、停电范围进行分析，选择合理的操作顺序和路径，并自动显示故障处理过程的进展信息。此外，GIS还可具有辅助配电网发展规划设计等功能。

2. 配电网高级应用软件

配电网高级应用软件（Distribution Performance Analysis System，DPAS）能使调度员有能力对各种运行方式下配电网的运行情况进行分析。其内容包括网络潮流分析、网络拓扑优化（如负荷均衡化、面向降低线损的网络重构、电压、无功综合优化等），通过以上手段可以达到降低运行成本、减少线损、改善电压质量等目的。此外，还包括故障情况下的短路电流计算等。

3. 调度员仿真调度系统

调度员仿真调度系统（Dispatcher Training System，DTS）是指通过应用软件对配电网的调度操作进行仿真，用模拟的操作代替真实的操作，用潮流计算的结果代替真实的操作结果。利用仿真调度功能，可以对某些特定的运行状况进行仿真或进入客户呼叫服务系统（Trouble Call System，TCS）可对用户的电话投诉进行处理，确定故障范围和类型，并帮助检修队及时到达现场排除故障，并报告用户故障处理情况以及预计恢复供电时间等。当然，客户呼叫服务系统也可以向用户提供有关电费、电价、电力法规和政策、检修停电计划等信息的查询服务。

4. 工作票管理系统

工作票管理系统（Work Orders Management，WOM）的任务是自动生成配电网施工建设、设备维修和巡视、故障处理以及运行方式调整等工作的操作步骤。

1.3.3 国外配电网自动化的现状及发展

国外自20世纪70年代起就进行了配电自动化技术的研究和应用，其发展经历了以下三个阶段，见表1.1。

表 1.1　　配电自动化的三个发展阶段

三个发展阶段	主要特征	主要功能	主要设备
第一阶段	基于自动化开关设备相互配合	故障隔离和健全区域恢复供电	重合器、分段器
第二阶段	基于 FTU 和通信网络	遥控隔离故障和远方监控运行方式	FTU 通信网络、配电自动化计算机系统
第三阶段	高级应用（基于计算机和高级应用软件系统）	配电管理系统和人工智能	FTU 通信网络、配电自动化计算机系统、高级应用软件

第一阶段：基于自动化开关设备相互配合的馈线自动化系统，其主要设备为重合器和分段器，不需要建设通信网络和配电主站，系统在故障时通过自动化开关设备相互配合实现故障隔离和健全区段恢复供电。这一阶段的配电网自动化技术，以日本东芝公司的重合器与电压—时间型分段器配合模式和美国 Cooper 公司的重合器与重合器配合模式为代表。

第二阶段：随着计算机技术和数据通信技术的发展，一种基于馈线监控终端、通信网络和配电主站的实时应用系统应运而生，在配电网正常运行时，系统能起到监视配电网运行状况和遥控改变运行方式的作用，故障时能够及时察觉，并由调度员通过遥控开关隔离故障区段和恢复健全整段供电。

第三阶段：随着负荷密集区配电网规模和网格化程度的快速发展，仅凭借调度员的经验调度配电网越来越困难；同时，为加快配电网故障的判断和抢修处理，进一步提高供电可靠性和客户满意度，一种集实时应用和生产管理应用于一体的配电网管理系统逐渐占据了主导地位，它覆盖了整个配电网调度、运行、生产的全过程，还支持客户服务。系统结合了配电网自动化系统、配电网 GIS 应用系统、配电生产管理系统等，并且与营销管理系统相结合，实现配电和用电的综合应用功能。国外知名公司，如 ABB、SIEMENS、GE 等都有配电网管理系统产品，并得到广泛应用。

以上三个阶段的配电网自动化系统目前在国外依然同时存在。其中，日本、韩国侧重全面的馈线自动化；而欧美的配电网自动化除了在一些重点区域实现馈线自动化之外，在配电主站具备较多的高级应用和管理功能；最近几年东南亚国家（如新加坡、泰国、马来西亚等）以及我国香港和台湾地区新建的配电网自动化系统，基本上走的也是欧美模式。

在工业发达国家，城市配电网络都已经成型且网架结构比较完善，所以给配电网自动化创造了良好的基础。即使这样，许多国家也没有大面积搞馈线自动化，而是在一些负荷密集区和敏感区实施馈线自动化。他们重视配电网基础资料的管理及故障抢修管理，通过先进的工具和手段来提高配电网运行管理的工作效率和工作质量，最终体现在对客户的优质服务上。在大部分国外的配电网自动化系统中，除了 DSCADA 之外，都配置了停电管理系统。

在通信方面，光纤通信是最理想的配电网自动化通信方式；其次，配电线路载波通信和利用无线公网通信也是常用的通信手段。欧美比较偏重光纤和无线通信，而日本曾偏重采用载波通信方式，韩国曾偏重租赁公共通信资源，但后来改为电力通信专网与各种通信方式的综合使用。从目前的技术条件看，没有一种单一的通信方式能够全面满足各种规模的配电网自动化的需要。因此，多种通信方式的混合使用是国外配电网自动化系统的普遍做法。

国外配电网自动化的建设非常注重实用性和经济效益，一般需要经历规划、建设和完善三个阶段，是一个分步实施，逐渐完善的过程。在一个地区或城市，并不追求设备及系统功能的齐全和指标的先进，而是根据地区和负荷的差异，选择不同档次和配置的配电网自动化系统分阶段逐步实施。另外，国外的电力公司还特别注重配电网自动化系统使用培训和设备维护管理，制定严格的制度，明确规定了对配电网自动化系统进行日常检修、定期检修、临时检修、巡视和数据检查的工作内容、实施人员和实施频率。这些经验值得借鉴。

1.3.4 国内配电网自动化的现状及发展

国内配电网自动化技术的研究起步于20世纪90年代初，而真正开展试点项目和较大范围内的工程化实施是从20世纪90年代中后期开始至今。期间，比较有代表性的有以下项目：

1996年，在上海浦东金藤工业区建成基于全电缆线路的馈线自动化系统。这是国内第一套投入实际运行的配电网自动化系统。

1999年，在江苏镇江和浙江绍兴试点以架空和电缆混合线路为主的配电网自动化系统，并起草了我国第一个配电网自动化系统功能规范。

2003年，当时国内规模最大的配电网自动化应用项目青岛配电网自动化系统通过国家电网公司验收，并在青岛召开了配电网自动化实用化验收现场会。

2002—2003年，杭州、宁波配电网自动化系统和南京城区配电网调度自动化系统先后实施，其中，杭州供电局的配电网自动化系统经过7年的建设和实用化推广，于2008年通过验收；南京供电公司的配电网自动化系统于2005年通过工程验收和技术鉴定。

2005年，国家电网公司农电重点科技项目县级电网调度/配电/集控/GIS一体化系统，在四川省双流县成功应用。这种类型的系统在近几年得到较好推广，说明简易、实用型的配电网自动化系统在中小型供电企业有着广泛的市场。

2006年开始，上海电力公司在所辖13个区供电所全面开展了采用电缆屏蔽层载波为主要通信手段，以遥信、遥测为主要功能的配电网监测系统的建设工作。

除上述典型案例之外，在1998年之后，随着大范围城乡电网建设与改造的开展，在多个省份和直辖市掀起了配电网自动化技术试点和应用的热潮。然而，由于技术和管理上的许多原因，大多数早期建设的配电网自动化系统没有达到预期的效果，没有怎么运行就被闲置或废弃了。

从2004年开始，国内许多电力公司和供电企业都对前一轮的配电网自动化系统建设进行反思和观望，慎重地对待配电网自动化工作的开展，在后来为数不多的配电网自动化项目上显现出理性的工作态度和务实的建设思路。2005年，国家电网公司委托上海电力公司牵头研究适合于城市配电网自动化的建设模式和企业标准，该项目已于2008年通过验收；国家电网公司还委托电力科学研究院农电所牵头研究适合于县城配电网自动化的建设模式。这些都为今后配电网自动化工作的开展做了有益的探讨和尝试。全国电力系统管理及信息交换标准化委员会的配电网工作组，近两三年来积极进行配电网自动化应用系统间信息集成及接口规范IEC 61968的翻译和相应电力行业标准DL/T 1080的制定，以规范配电网自动化系统与其他各个系统之间的信息集成接口。国家经贸委已相继批准颁发了

DL/T 721—2000《配电自动化系统远方终端》、DL/T 814—2002《配电自动化系统功能规范》；原国家电力公司发输电运营部制定了《10 千伏配电自动化发展规划要点（试行）》、《10 千伏及以下配电地理信息系统规划建设的若干意见（试行）》；有的省公司也制定了指导性文件。国家电网公司近期颁布了 Q/GDW 382—2009《配电自动化技术导则》、Q/GDW 513—2010《配电自动化主站系统功能规范》、Q/GDW 514—2010《配电自动化终端子站功能规范》、Q/GDW 436—2010《配电线路故障指示器技术规范》等。配电网自动化系统的规划及建设逐步有了规范可依。

与此同时，配电网一次设备、配电终端和配电主站的制造水平不断提高，为配电网自动化的建设奠定了良好的设备基础；配电网分析与优化理论的研究为配电网自动化的建设奠定了良好的理论基础。随着城乡配电网的建设与改造的推进，配电网网架结构逐步趋于合理，这为进一步发挥配电网自动化系统的作用提供了条件。

因此，近年来各地新建设的配电网自动化系统以及对早期配电网自动化系统升级完善后的系统一般都运行比较稳定，在配电网调度和配电生产运行中发挥了积极的作用。此外，一些应用较好的电力企业还制定了本企业内部的配电网自动化相关的技术原则、技术规范、运行管理制度等，促进了配电网自动化的实用化运行。随着智能电网建设工作的推进，实用化配电网自动化系统开始推广应用。同时，针对智能配电网的建设，国家电网公司也制定了与配电网自动化相关的系列标准。

1.3.5 配电网自动化发展趋势

配电网自动化技术的发展呈现以下特点：

1. 多样化

尽管配电网自动化技术的发展经历了三个阶段，但是从日本等国家目前的应用情况看，各个阶段的技术都在使用，并且各有其适用范围：第一阶段基于自动化开关设备相互配合的馈线自动化系统适合于农网等负荷密度低、供电半径长、故障较多而供电可靠性较差的区域；第二阶段的配电网自动化系统适合于中小城市和县城；基于人工智能具有丰富高级应用的第三阶段配电网自动化系统适合于大城市和重要园区；甚至仅仅具有遥信和遥测功能而不具备遥控功能的配电网监测系统也有其应用前景，主要因为它可以直接采用公用通信资源（如 GPRS/CDMAlX/3G 等），而不需要建设专用通信网。目前国内常用的几种典型配电网自动化实现方式见附录 A。

2. 集成化

配电网自动化涉及面很广，它不但有自己实时信息采集的部分，还有相当多的实时、非实时和准实时信息需要从其他应用系统中获取。比如，从地调自动化系统中获取主供电网和变电站信息；从 GIS 中获取配电线路拓扑模型和相关图形；从配电 PMS 中获取配电网设备参数；从营销管理系统中获取用户信息等。因此，配电网自动化的主站不再是单一的实时监控系统，而是将多个与配电有关的应用系统集成起来形成综合应用的系统。为了规范应用系统间信息集成和接口，国际电工委员会制定了 IEC 61968 系列标准，提出运用信息交换总线（即企业集成总线），将若干个相对独立的、相互平行的应用系统整合起来，形成一个有效的应用整体。

3. 智能化

配电系统是智能电网的重要环节，配电系统智能化是配电网自动化的发展方向。因此，配电网自动化与实现智能电网密切相关，主要表现在以下几个方面：

(1) 分布式电源和储能系统的接入技术。这是配电网自动化系统面临的新要求，尤其是涉及到配电网潮流计算和分析以及分布式电源对电网的影响。

(2) 自愈配电技术。其包含配电网自动化系统中馈线自动化的故障诊断、区段定位、隔离以及恢复供电的基本功能，在智能电网的背景下需要进一步升级为适应分布式发电的双向能量流下的馈线自动化功能。

(3) 定制电力技术。根据电能质量的相关标准，以不同的技术和价格提供不同等级的电能质量，以满足不同用户对电能质量水平的需求。配电网自动化系统是其技术支撑手段之一。

(4) 高效运行技术。其包含配电网自动化系统中高级应用软件功能，在智能电网的背景下需要进一步升级为考虑设备全生命周期的资产优化与智能调度业务功能。

(5) 用户互动技术。其包含配电网自动化系统中停电管理功能，在智能电网的背景下需要进一步升级为适应用户双向互动的业务功能。

习题与思考题

1-1　配电网是电力网的哪一部分？可分成几类？

1-2　配电网有哪些特点？我国配电网最大的特点是什么？

1-3　配电网的接线方式有哪几种？电网改造过程中为满足配网自动化的要求，可选用的接线方式有哪些？

1-4　配电网自动化的相关概念及其所包括的内容有哪些？

1-5　配电 SCADA 系统指的是什么？它包括哪几个组成部分？

1-6　需方管理是一个什么样的概念？包括哪两项任务？

1-7　地理信息系统的主要内容是什么？

1-8　实施配网自动化的意义是什么？配网自动化包括哪几个管理子过程？

1-9　配网自动化的发展过程和趋势如何？

第2章　通　信　系　统

通信系统是建设配电自动化系统的关键技术之一，通信系统的好坏很大程度上决定了自动化系统的优劣。配电自动化要借助有效的通信手段，将控制中心的控制命令下发到各执行机构或远方终端，同时将各远方监控单元（RTU、DTU、FTU、TTU等）所采集的各种信息上传至控制中心。通过研究国外配电自动化系统采用的通信方式，尚没有一种通信技术可以很好地满足于配电系统自动化所有层次的需要。在一个配电自动化系统中，往往由多种通信技术组合成综合的通信系统，各个层次按实际需求采用合适的通信方式。

2.1　配电自动化通信系统的层次

现代的配电自动化系统采用分层集结的策略，即分为配电自动化控制中心层、区域集结层（配电子站）、现场设备层。各层之间通过通信系统相互联系。因此配电自动化通信系统可相应地分为用户级通信、主站级通信和现场设备级通信三个层次。

用户级通信是指配电自动化控制中心或配电子站的各计算机之间的相互通信，一般通过网络相连，对这种通信方式在这不作讨论。

2.1.1　主站级通信

主站级通信是指配电自动化主站和配电自动化子站间的通信、配电子站和现场监控单元间的通信。实际上，因为配电网与输电网是相互联系的，所以主站级通信有时还包括配电自动化主站或子站与调度自动化系统、变电站综合自动化系统或变电站远方终端（RTU）之间的通信。主站级通信的一个特点是通信双方中有一方必为计算机系统，另一方为计算机系统或其他监控单元；另一个特点是通信距离比较远，可能为几公里，甚至几十公里。随着通信技术的发展，主站级通信可供采用和选择的方式有很多种，按照传统的分类方法，可简单地分为无线方式和有线方式，将在本章后面的几节中介绍。

2.1.2　现场设备级通信

现场设备级通信是指各种远方监控单元相互之间所需要进行的通信，包括馈线远方终端FTU相互间的通信，配电变压器远方终端下TTU相互间的通信，以及FTU和TTU之间的通信。

FTU相互间的通信分两种情况。

第一种为站内FTU之间的通信。这种情况多出现在开闭所、环网柜中，由于要同时监控多条线路，一个FTU容量不够，需要在同一场所安装多个FTU。另外，多个FTU还出现在柱上同时有两条或多条线路的情况中。为了节省通信通道或数据传输设备，这些FTU之间的通信采用主从方式，即多个FTU中只有一个FTU和主站计算机系统相连，该FTU为主FTU，其他为从FTU。主FTU和从FTU间的通信有两种连接方式：级连方式和总线方式，如图 2.1 所示。一般采用总线方式。

第二种为站间 FTU 之间的通信，馈线自动化的一些功能，如简单网络的故障隔离和供电恢复，通过 FTU 之间的相互配合而不需要通过计算机主站系统就能实现，这时站间 FTU 之间的通信是必不可少的。由于光纤通信技术的广泛采用以及以太网控制技术的发展成熟，站间 FTU 之间的相互通信已成为热门话题。如果不考虑节约投资，前面所说同一站内多 FTU 不采用主从方式连接，那么即使同一开闭所内的多个 FTU 之间的通信，也可以看作是站间 FTU 之间的通信。

其他远方监控单元如 TTU 或电量采集装置相互之间的通信，与 FTU 间的通信相似，不同的地方是 TTU 或电量采集装置的现场控制单元有可能没有直接和主站计算机系统通信的能力，而需要专门的通信单元。图 2.2（a）所示是多个 TTU 通过通信单元和主站系统相连的例子。有时候通信单元的功能由 FTU 来承担，如图 2.2（b）所示。在通信实现上有两种方式，一种是 FTU 定期采集各 TTU 的有关信息，存储在 FTU 的存储器中。这种方式不会增加 FTU 的 CPU 的负担，也不会影响 FTU 在故障处理时的性能，但要求 FTU 有较大的存储容量。

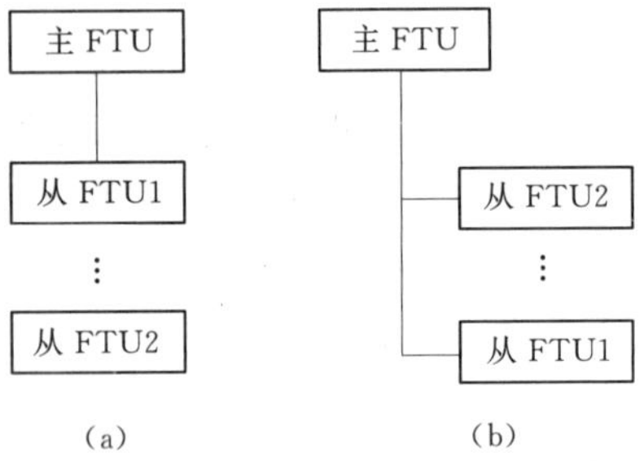

图 2.1 主从 FTU 的连接方式

（a）级连方式；（b）总线方式

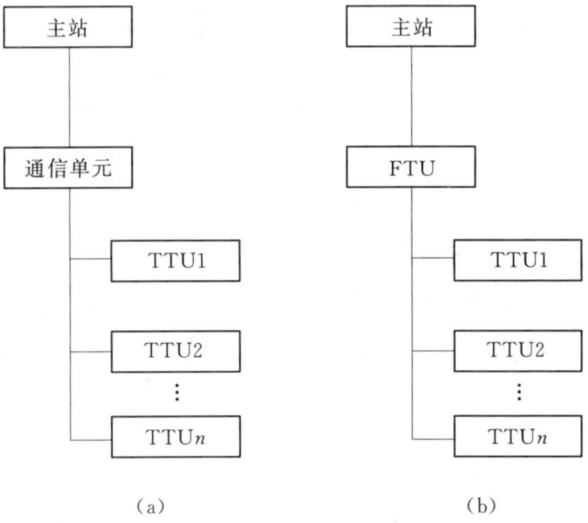

图 2.2 TTU 的通信连接

（a）有专门的通信单元；（b）FTU 兼通信单元

2.2 配电网自动化对通信系统的要求

配电自动化对通信系统的要求，取决于配电网的规模和要求实现的具体希望水平。选择配电自动化系统的通信方式应综合考虑如下几点：

1. 通信的可靠性

配电自动化的通信系统应能抵抗恶劣的气候条件，如雨、雪、冰雹、狂风和雷阵雨，还有长期太阳的紫外线照射。通信系统应能抵抗强电磁干扰，如间隙噪声、放电、电晕或其他无线电源的干扰，以及闪电、事故或开关操作涌流产生的强电磁干扰。停电区和电网故障时的通信能力是严重影响通信可靠性的一个重要因素，必须加以考虑。

2. 效能费用比

在追求通信技术先进性的同时，应考虑通信系统的费用，选择费用和功能及技术先进性的最佳组合，追求最佳效能费用比。通信系统一味追求先进性，追求多功能，其高投资很可能会抵消其在配电自动化中带来的效益。在计算通信系统费用时，除了初期投资外，还应考虑将来运行和维护的费用。

3. 配电通信的实时性

配电网自动化系统是一个实时监控系统，必须满足实时性要求。正常情况下，配电自动化主站系统在3～5s内能更新全部RTU、FTU的数据，因此必须选择合适的通信带宽以及通信网结构方式。配电网发生故障时，主站系统和FTU之间有比平时更多的数据需要交换，因此在通信系统设计时，除了要考虑正常情况下实时数据的刷新速率要求外，还必须考虑电网故障时FTU快速及时地传送大量故障数据的需要。

不管是主站级的通信还是现场控制级的通信，除了数据的上送还有控制命令的下发，因此配网自动化的通信系统有时必须具有双向通信的能力，具有半双工或全双工的能力。

4. 停电和故障时的通信能力

正常的调度操作或馈线自动化的故障隔离、恢复供电功能，都要求能通过通信系统对停电区的开关进行操作，用电力线作通道的通信方式（如配电线载波），这时就会遇到困难。另一需要注意的问题是停电区的FTU或其他现场监控通信设备，需要有备用电源（如电池或其他能源）在停电时使用。

5. 使用和维护的方便性

配电自动化通信系统包括发送器、接收器和数据链，是一个很复杂的组合，因此应尽量选择具有通用性标准化程度高的设备，便于使用和维护。

6. 可扩充性

通信系统除了能满足目前的需要，还应考虑将来增长的需要。因此规划时应考虑足够的容量以及系统的开放性要求。

2.3 通信系统的组成和分类

2.3.1 通信系统的组成

数据指对数字、字母以及其组合意义的一种表达。而配电网数据一般指与配电网运行密切相关的数值、状态、指令等。例如，用数字1表示柱上分段开关的分闸状态，用数字0表示柱上分段开关的合闸状态；规定数字1表示馈线处于非正常状态，数字0表示馈线处于正常状态；以及表示电压、电流、功率、电能量等的参数数值都是典型的配电网数据。

数据通信是两点或多点之间借助某种传输介质以二进制形式进行信息交换的过程。将数据准确、及时地传送到正确的目的地是数据通信系统的基本任务。数据通信技术主要涉及通信协议、信号编码、接口、同步、数据交换、安全、通信控制与管理等问题。

在配电网自动化数据通信系统中，配电主站的前置机和具有通信能力的配电终端是构成配电网自动化系统的通信网络节点。配电网自动化系统正是借助于它们之间的数据交换实现测量、控制、监视、操作等功能的。数据通信系统主要负责将数据按编码格式在两点之间准确传输，一般不对数据内容进行任何操作。

配电自动化系统的通信网络是一个典型的数据通信系统。它基本由数据终端设备（DTE）、数据传输设备（DCE）和数据传输信道组成，如图 2.3 所示。

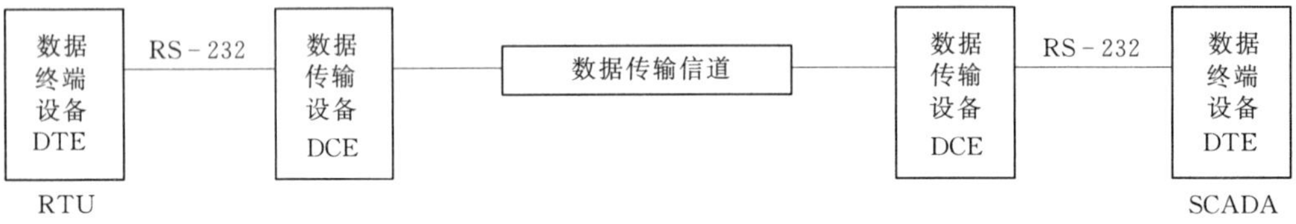

图 2.3 典型数据通信系统的组成

在配电自动化系统中，常见的数据终端设备（DTE）有配电自动化 SCADA 系统、变电站 RTU、馈线 RTU（FTU）、变台 RTU（FTU）、中压监控单元（区域工作站）、抄表集中器和抄表终端等。

常见的数据传输设备（DCE）有调制解调器（Modem）、GPRS 模块、复接分接器、数传电台、载波机和光端机等。

一般 DCE 和 DTE 之间均采用 RS－232C 或 RS－485 标准接口。

按数据传输媒介的不同，数据传输信道可分为有线信道和无线信道两类；按数据传输形式的不同，数据传输信道可分为模拟信道和数字信道两类。常见通信介质有双绞线、网线、光纤和无线电波。

在发送端，将需要发送的数字脉冲信号变换成适合于传输的模拟信号（通常是在音频范围）的过程称为调制（Modulate）；在接收端，将接收到的模拟信号还原成数字脉冲信号的过程叫解调（Demodulate）。通常将调制器和解调器制作在一起的设备，称为调制解调器（Modem）。

调制解调器的作用是：①将基带信号的频谱搬移到载频附近，以适应信道频带的要求，便于发送和接收；②实现信道的多路复用；③压缩信号带宽，以便于利用话带传输设备进行数据传输。

在发送端，将两个或两个以上的数字信号按时分复用的原理合并为一个数字信号的设备称为复接器；在接收端，将一个合并的数字信号分解成若干个数字信号的设备称为分接器。通常将复接器和分接器制作在一起的设备，称为复接分接器。

复接分接器的作用是将一个高速的数据传输信道转换成多个较低速的数据传输信道。

2.3.2 通信系统的分类

根据要传送的信号是否要调制，可将通信系统分为直接传送信号的基带传输和调制传输两类。

按所使用的载波不同，各种调制方式可分为连续波调制和脉冲调制两类，即：

- 连续波调制
  - 模拟调制
    - 幅度调制（AM、DSB、SSB、VSB）
    - 频率调制（FM）
    - 相位调制（PM）
  - 数字调制
    - 振幅键控（ASK）
    - 频移键控（FSM）
    - 相移键控（PSK、DPSK）
- 脉冲调制
  - 模拟调制
    - 幅度调制（PAM）
    - 宽度调制（PDM）
    - 位置调制（PPM）
  - 数字调制
    - 编码调制（PCM）
    - 增量调制（ΔM）

按信道中传输信号的形式，可将通信系统分为模拟通信系统和数字通信系统两类。

按多路复用的方式，可将通信系统分为频分复用（Frequency Division Multiplex，FDM）、时分复用（Time Division Multiplex，TDM）、码分复用（Code Division Multiplex，CDM）、波分复用和时间压缩复用几类，其中 FDM、TDM 和 CDM 是电力系统数据通信的基本方式。

按传输的方向，可将通信系统分为单工通信系统（Simplex）、半双工通信系统（Half Duplex）和全双工通信系统（Full Duplex）三类。

按字符或字节是依次逐位传输还是同时并行的传输可分为串行传输和并行传输。

串行传输中按发送和接收端时钟信号是否一致可以分为同步传输和异步传输。

2.4 配电网自动化的多种通信方式

2.4.1 通信方式简介

配电网自动化系统需要借助通信手段，将配电主站的控制命令传送到为数众多的配电终端，将反映远方设备运行情况的数据信息收集到配电主站。因此，如何降低通信系统的造价，而且还要满足配电网自动化系统的要求，成为设计人员面临的重要问题。

没有任何一种单一的通信手段能够全面满足各种规模的配电网自动化的需要，因此多种通信方式在配电网中的混合使用就难于避免，需根据所实施的配电网自动化系统的具体情况，选用恰当的通信方式，以提高通信的可靠性、经济性，就须对各种通信技术的长处和不足有一个较全面的了解。下面将具体讨论表 2.1 中的各类通信方式。

表 2.1　配电网自动化可能用到的各种通信方式

通信层次	通信方式		传输媒介	主要应用范围
现场设备级	现场总线		屏蔽双绞线	各 FTU 间或与 TTU 间通信，FTU、TTU 与配电子站间通信，分散电能采集、设备内部通信等
	RS-485 标准接口			
主站级	有线	配电线载波	高压配电线	通信主干道（35kV 变电站到县级电网综合自动化控制中心）
		低压配电线载波	低压配电线	低压用户抄表
		光纤通信	光缆	配电子站到配电控制中心、配电开闭所到配电控制中心，FTU、TTU 与配电子站间通信等
		拨号电话	公用电话网	远方抄表与远方维护，TTU 到配电子站间通信

续表

通信层次	通信方式		传输媒介	主要应用范围
主站级	无线	高频电台	自由空间	FTU、TTU与配电子站间通信等。
		无线扩频	自由空间	配电子站到配电控制中心，配电开闭所到配电控制中心
		多址微波	自由空间	35kV变电站到县级电网综合自动化控制中心，配电子站到配电控制中心（一般在本系统已有微波通信设备的基础上应用）
		卫星通信	自由空间	有较高的可靠性，但投资较高，使用受限

2.4.2 RS－232

RS－232是由美国电子工业协会公布的一种串行通信接口标准，在串行异步通信中应用广泛。其中，RS是Recommended Standard的缩写，代表推荐标准；232是标识符。

该标准的用途是定义DTE与DCE接口的电气特性及它们之间信息交换的方式和功能。

1. RS－232引脚分配及定义

RS－232引脚分配及定义见表2.2。

表2.2　RS－232引脚分配及定义表

引脚	信号名称	信号方向	简称	信号功能
3	发送数据	DTE→DCE	TXD	DTE发送串行数据
2	接收数据	DTE←DCE	RXD	DTE接收串行数据
7	请求发送	DTE→DCE	RTS	DTE通知DCE，它请求发送数据
8	清除发送	DTE←DCE	CTS	DCE已切换到接收模式
6	数据设备就绪	DTE←DCE	DSR	DCE准备就绪，可以接收数据
5	信号地		GND	公共信号地
1	载波检测	DTE←DCE	DCD	DCE接收到远程载波信号，通信链路已连接
4	数据终端就绪	DTE→DCE	DTR	DTE准备就绪
9	振铃指示	DTE←DCE	RI	通知DTE，有远程呼叫

除了用于全双工串行通信的两根信号线TXD、RXD外，标准还定义了若干“握手线”，如DSR、DTR、RTS、CTS等。在实际应用中，这些“握手线”的连接不是必须的。

2. RS－232的传输特性

（1）RS－232的数据线。RS－232的数据线有两根：发送数据线TXD和接收数据线RXD。它们与逻辑地线5结合起来工作，实现全双工和半双工的数据传输。对数据线上所传输的数据格式，RS－232标准并没有严格的规定。数据的传输速率是多少、有无奇偶校验位、停止位为多少位、字符代码采用多少位等问题，应由发送方与接收方自行商定，达成一致的协议。

（2）RS－232的控制线。RS－232的控制线是为建立通信链接和维持通信链接而使用的信号。各控制线功能见表2.2。

（3）RS－232的总线连接。RS－232是配电网自动化系统的DTE和DCE之间的接口标准之一。如果两个设备之间的传输距离小于15m，可以使用电缆直接进行连接，“发送数据”和“接收数据”是交叉连接的，这样两台设备均可以进行正常地发送和接收，实现全双工通信。“数据终端就绪”和“数据设备就绪”两根线也应交叉连接。此外，两端的“请求发送”还应同时与本方的“清除发送”和对方的“载波检测”相连。这样，当 DTE 向对方请求发送时，可以立刻通知本方的“清除发送”，表示对方已经响应，如图 2.4 所示。

使用时，只需连接好 TXD、RXD、DSR、RTS、GND 这 5 根线即可正常通信。如果去掉握手信号，最少使用 3 根线即可实现正常的串口通信，如图 2.5 所示。

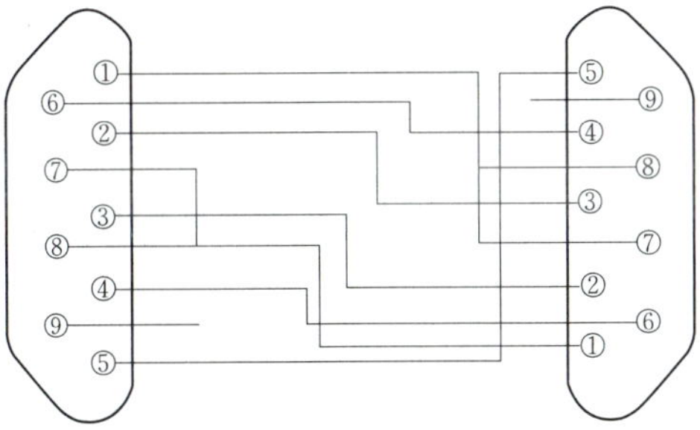

图 2.4　RS-232 直接连接图

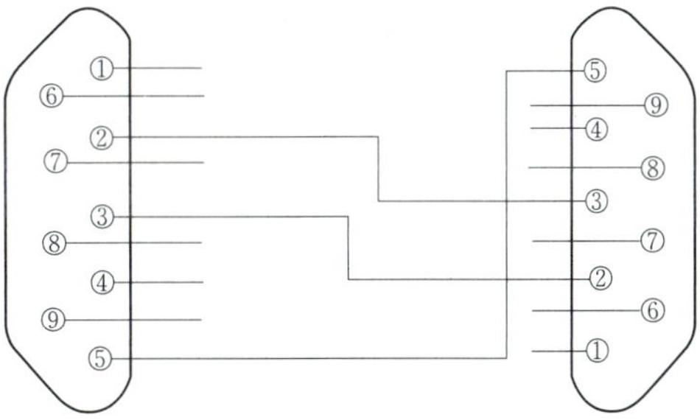

图 2.5　RS-232 连接的最简单形式

3. RS-232 的电气特性

RS-232 对电气特性、逻辑电平和各种信号线的功能都作出了明确的规定。对于数据，逻辑“1”的传输电平为−3～−15V，逻辑“0”的传输电平为+3～+15V。对于控制信号，接通状态即有效信号的电平为+3～+15V，断开状态即无效信号的电平为−3～−15V，也就是当传输电平的绝对值大于 3V 时，电路可以有效地检测出来；而介于−3～+3V 之间的电压处于模糊区电位，此部分电压将使得 CPU 无法准确判断传输信号的意义，可能会得到 0，也可能会得到 1，通信时会出现误码，造成通信失败。因此，在实际工程中，应保证传输的电平在−4～(3～15) V 之间。另外，一般 CPU 均提供 TTL 电平串行异步通信接口，因此，需要外接一个 RS-232 接口芯片，如 MAX232 等，实现 TTL 电平到标准 RS-232 电平的转换。一般情况下，DTE 的 RS-232 接口采用 DB9 针式插座，DCE 的 RS-232 接口采用 DB9 孔式插座。

2.4.3 RS-485

在通信节点多、位置分散、通信距离远的场合，要求采用最少的连线完成通信任务。例如，利用两根连线实现多节点互连。RS-485 正是在这一应用需求的驱动下产生的。

采用如图 2.6 所示的平衡差分电路是 RS-485 的最大特点。接收器的输入电压为 A、B 两根导线电压的差值。图 2.6 中，DI 为数据发送端，当 DI=1，$U_{OA}>U_{OB}$，$U_{IA}-U_{IB}>$ 200mV 时，接收端 RO=1；当 DI=0，$U_{OA}<U_{OB}$，$U_{IA}-U_{IB}>$200mV 时，接收端 RO=0。DE 为发送使能端，当 DE=1 时，发送器可发送数据；当 DE=0 时，发送器输出端呈高阻态。$\overline{RE}$ 为接收使能端，当 $\overline{RE}$ =0 时，接收器可接收数据。

RS-485 实际上是 RS-422 的变型。RS-422 采用两对平衡差分线路，其数据的发送和接收是独立的，因此不必控制数据流向；而 RS-485 只用一对平衡差分线路。差分电路

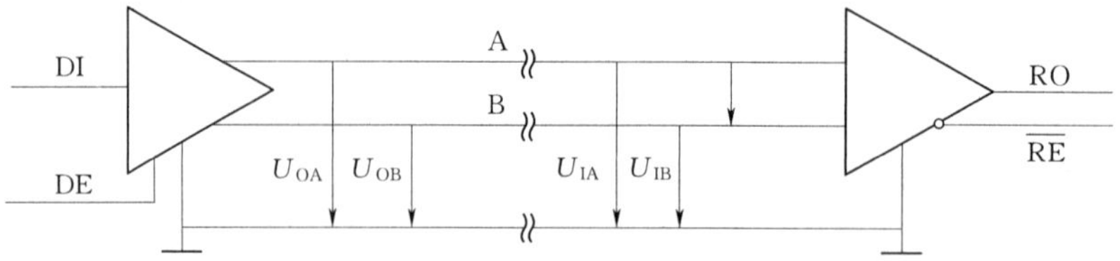

图 2.6 平衡差分电路

的最大优点是能抑制噪声。由于在它的两根信号线上传递着大小相同、方向相反的电流，而噪声电压往往在两根导线上同时出现，一根导线上出现的噪声电压会被另一根导线上出现的噪声电压抵消，因而可以极大地削弱噪声对信号的影响。

差分电路的另一个优点是不受节点间接地电平差异的影响。在非差分（即单端）电路中，多个信号共用一根接地线，长距离传输时，不同节点接地线的电平差异可能相差好几伏，甚至会引起信号的错误。差分电路则完全不会受到接地电平差异的影响。

实现 RS-485 通信所需硬件的费用较低，能够很方便地添加到一个系统中，支持比 RS-232 更长的距离、更快的速度以及更多的节点。RS-485、RS-422、RS-232 的主要技术参数见表 2.3。

表 2.3　　RS-485、RS-422、RS-232 的主要技术参数

规　范	RS-232	RS-422	RS-485
最大传输距离	15m	1200m（速率 100kbit/s）	1200m（速率 100kbit/s）
最大传输速率（距离 12m）	20kbit/s	10Mbit/s	10Mbit/s
驱动器最小输出/V	±5	±2	±1.5
驱动器最大输出/V	±15	±10	±6
接收器敏感度/V	±3	±0.2	±0.2
传输方式	单端	差分	差分

RS-485 更适用于带微控制器的设备之间的远距离数据通信。RS-485 标准没有规定连接器、信号功能和引脚分配。使用中要保持两根信号线相邻，两根差动导线应该位于同一根双绞线内。引脚 A 与引脚 B 直连不需要交叉连接。

2.4.4 现场总线

现场总线是一种全数字化、双向、多站的通信系统。国际电工委员会 IEC61158 关于现场总线的标准定义为：安装在制造和过程区域的现场装置与控制室内的自动控制装置之间的数字式、串行、多点通信的数据总线称为现场总线。20 世纪 80 年代以来，各种现场总线技术开始出现。美国仪表协会于 1984 年开始制定现场总线标准，在欧洲有德国的 PROFIBUS 和法国的 FIP 等，各种现场总线标准陆续形成。其中主要有：基金会现场总线（Foundation Fieldbus，FF）、控制局域网络（Controller Area Network，CAN）、局部操作网络（Local Operating Network，LonWorks）、过程现场总线（Process Fieldbus，PROFIBUS）和 HART（Highway Addressable Remote Transducer）协议等。

1. CAN 总线

CAN 总线最早是由德国 Bosch 公司推出，它是一种具有很高可靠性、支持分布式实时控制的串行通信网络。国际标准化组织 ISO/TC22 技术委员会已制定了 CAN 协议的国际标准：ISO/DIS11898，通信速率为 1Mbit/s；ISO/DIS11519，通信速率为 125kbit/s。Intel、Philips、Motorola 等芯片厂商均生产 CAN 总线芯片产品。

CAN 协议实现 ISO/OSI 七层模型中的三层网络结构，即物理层、数据链路层和应用层。物理层定义了传送过程中的所有电气特性。数据链路层包含逻辑链路控制子层及介质访问控制子层。逻辑链路控制子层的功能包括确认哪个信息是要发送的，确认介质访问控制子层接收到的信息并为之提供接口。介质访问控制子层的功能包括帧组织、总线仲裁、检错、错误报告、错误处理等。应用层可能包含了除物理层和数据链路层外其余四层的某些功能。

CAN 可以以点对点、一点对多点及全局广播等几种方式传送和接收数据，可以以多种方式工作，网络上任意一个节点均可以在任意时刻主动地向网络其他节点发送信息，可方便地构成多机备份系统。

网络上各节点可以定义不同的优先级以满足不同的实时要求，CAN 采用非破坏性总线仲裁技术，当两个节点同时向网络上传送信息时，优先级低的节点主动停止数据传送，而优先级高的节点可不受影响地继续传输数据；如果优先级一样，则均延时任意短的时间后再发送，有效地避免了总线冲突。

CAN 总线的节点数，理论值为 2000 个，实际值为 110 个；通信距离为 10km/5kbit/s，40m/1Mbit/s；传输介质为双绞线或光纤。

CAN 总线采用短消息报文，每帧有效字节数为 8 个，受干扰概率低，受干扰重发所用的时间也较少，并采用 CRC 及其他纠错措施，保证了极低的信息出错率；而且具有自动关闭总线功能，在错误严重的情况下，可切断该节点与总线的联系，使总线上的其他操作不受影响。

CAN 总线在配电网自动化系统中得到了一定的应用。图 2.7 是采用 CAN 总线的环网柜 FTU，实现对环网柜内各个分支线路的电参数信息采集及电气设备运行监控。通过 CAN 总线将信息经数据集中器汇总后，通过以太网上传给配电主站，为故障判断和故障区段定位提供基础数据。配电主站也可以根据需要，远程进行电气设备的遥控，如开关的分合闸操作等。

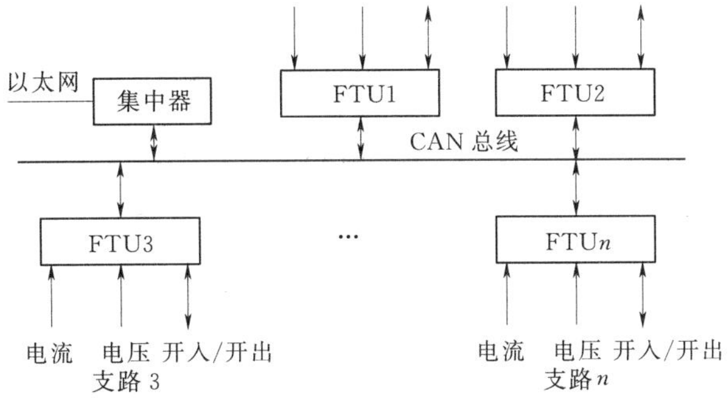

图 2.7 环网柜 FTU 结构图

2. 以太网通信技术

由于网络技术的发展，配电自动化中的通信方式出现网络化趋势。以太网的引入使得配调中心与各 FTU 信息交换速度大大加快，从而使得配网自动化从故障发生到恢复供电时间缩短为几秒钟。

以太网通信需涉及大量的硬件和硬件技术基础，目前国内有一些 FTU 厂家采用 PC104 实现。要支持以太网通信，最好是直接采用固化了 TCP/IP 协议的集成芯片，目前市场上已经有这样的芯片，如，Scenix Semiconductor 公司的 SX - STACK，SEIKO 公司的 S7600A，READY 公司的 INTERNET TUNER，CKNNECT ONE 公司的 ICHIP 等，可参考有关的芯片手册。

以太网通信特点：①具有高传输速率，目前到 100Mbit/s；②高传输安全性和可靠性；③几乎不需考虑网络的拓扑结构；④传输物理介质：双绞线，光纤，同轴电缆；⑤集线器的应用可不考虑网络的扩展；⑥标准化；⑦TCP/IP 技术的应用；⑧在整个网络中随机的网络存取技术；⑨低成本高性能。

基于 Winsock 控件的 TCP/IP 通信。包含两方面的软件设计：

(1) 客户机部分。首先设置服务器计算机名（IP 地址）及帧听口，即分别设置 Remote Host 和 Remote Port 属性；然后调用 Connect 方法。

(2) 服务器部分。设置帧听口（即设置 Local Port 属性）；调用 Listen 方法。当客户机有数据通信请求时，服务器会发生 Connection Request 事件，在该事件中调用 Accept 方法完成连接。一旦连接确定，任一方可调用 SendData 方法发送数据，接收方接收到数据后会产生 Data Arrival 事件，在该事件中调用 Get Data 方法接收数据，实现双向流动。

2.4.5 电力线载波通信

按电力线载波通信所采用的通信线的不同，其分为输电线载波通信、配电线载波通信和低压配电线载波通信三类。

电力线载波通信将信息调制在高频载波信号上，通过已建成的电力线进行传输。对于输电线载波通信，载波频率一般为 10～300kHz；对于配电线载波通信，载波频率一般为 5～40kHz；对于低压配电线载波通信，载波频率一般为 50～150kHz。对传输信息的调制可采用幅度调制、单边带调制、频率调制或移频键控等方式。

配电线载波通信的设备有在主变电站安装的多路载波机、在线路各测控对象处安装的配电线载波机（称为从站设备）和高频通道。高频通道主要由高频阻波器、耦合电容器和结合滤波器组成。

高频阻波器是用以阻止高频载波信号向不希望的方向传输的设备。耦合电容器的作用是将载波设备与馈线上的高电压、操作过电压及雷电过电压等隔开，以防止高电压进入通信设备，同时使高频载波信号能顺利地耦合到馈线上。结合滤波器是与耦合电容器配合将载波信号耦合到馈线上，并抑制干扰进入载波机的设备，它由接地开关 Q，避雷器 FA，排流线圈 L1、L2 和电容 C1，构成的调谐网络及匹配变压器 T 组成，如图 2.8 所示。

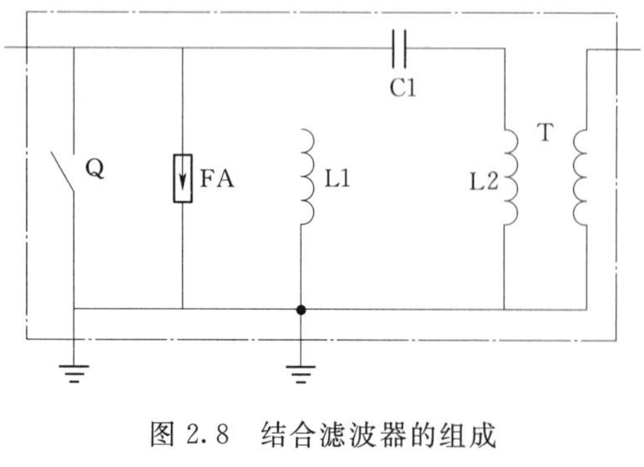

图 2.8 结合滤波器的组成

在发送端，载有数据信息的载波信号经结合滤波器和耦合电容器注入电力线传往接收端；在接收端，通过耦合电容器和结合滤波器将调制信号从电力线上分离出来，并经解调装置将信息提取出来。配电线载波通信系统的典型构成如图 2.9 所示。

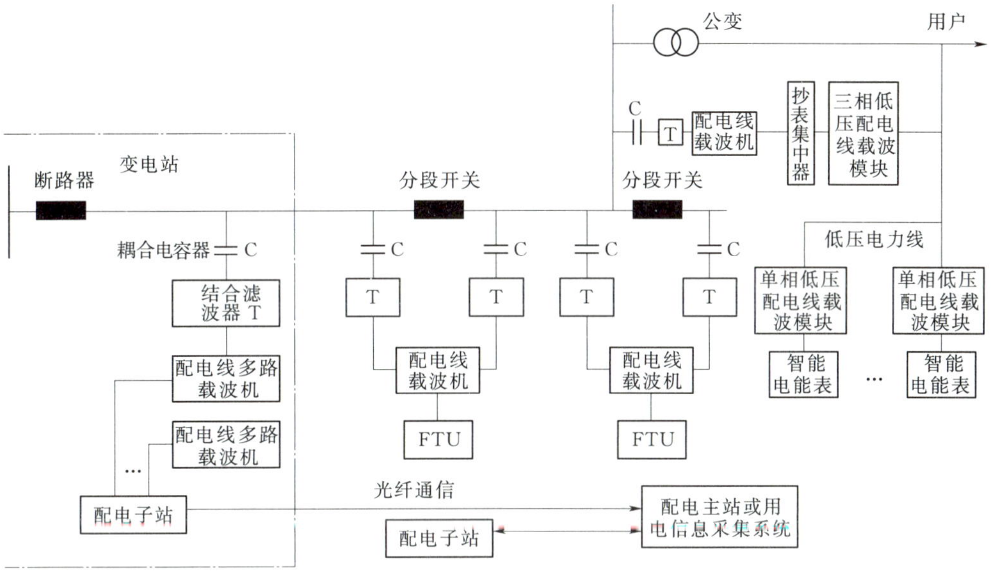

图 2.9　配电线载波通信系统的组成

在变电站安装多路配电线载波机并与配电子站相连，在 10kV 馈线的分段开关处安装 FTU，采用配电线载波机经耦合电容器耦合至馈线，并通过馈线与相应的配电子站相连，这样就可把分散的 FTU 上报的信息集中至变电站的配电子站处，配电子站再通过高速数据通道将收集到的信息转发给配电主站。为了避免线路开关分断时切断载波通道，可在分段开关处通过耦合电容器及结合滤波器构造载波桥路；为了防止在发生单相接地时影响载波通信，可采取两线对地耦合方式，即通过 4 台耦合电容器将载波信号分别耦合至分段开关两侧的两相线上。

对于低压用户的用电信息，可采用低压配电线载波通信方式，将各用户的用电信息传至公变的抄表集中器，再通过配电线载波方式传至配电子站，配电子站以光纤以太网方式与用电信息采集系统互联。低压配电线载波通信是以 380V/220V 低压配电线作为信息传输媒介进行数据传输的一种特殊通信方式。低压配电线载波通信具有无须装设通信线路，不占用无线通信频道资源，可大大地减少投资和对线路的维护成本等优点。但由于低压配电线输入阻抗变化范围大，使发送机功率放大器的输出阻抗和接收机的输入阻抗难以与之保持匹配，给电路的设计带来很大的困难；同时，低压配电线载波信道具有衰减较大、线路阻抗变化大、高噪声等传输特性，使其成为不理想的通信媒介。

为了提高通信的可靠性和有效性，一方面可以辅助性地采取一些措施，如增加发射信号功率、提高接收设备灵敏度以及采用合适的耦合电路及新的载波信号检测方法；另一方面是采用合适的调制技术或中继技术。从调制技术来看，目前流行的扩频通信技术主要有直接序列扩频、线性调制、正交频分复用、跳频、跳时以及上述各种方式的组合扩频技术。自动中继技术，是指在通信距离太长或某一区域通信不可靠时，利用通信中继器作为中继转发节点将需要中继的数据包接收下来并解码后存储在中继器的内存中，等发送方将数据发送完并且总线空闲后再将该数据包重新编码发送到接收方以完成通信。它可以提高通信成功率，降低误码率。由于低压配电线载波通信网络的拓扑结构具有强烈的不确定性和时变性，所以在通信的过程中，要根据当前的网络状况进行路由自动更新。

在设计配电线载波通信系统方案时，应注意以下技术问题：

(1) 随着线路上的分段开关、联络开关和分支开关的动作，线路结构将变动，载波信号的衰减情况也随之发生变化。随着线路的用电负荷变动，载波信号的衰减情况也随之发生变化，一般负荷越重，衰减越严重，在设计时应考虑最坏的情况。在设计时应考虑上述两种情况。

(2) 不同的用电设备对载波信号的干扰也不同，直接整流环节和高频激励的气体放电等对载波信导的干扰较大。

(3) 地埋电缆的线线、线地之间的分布电容较大，因此对载波信号的衰减较大；并且载波信号频率越高，衰减越大，因此要求在有地埋电缆的线路上，使用较低的载波频率。配电线的载波频率越低，在线路上传输时衰减越小，受 50Hz 工频的谐波干扰越强；其频率越高，在线路上传输时衰减越大，受 50Hz 工频的谐波干扰越弱。综合考虑，配电线载波信号的频率范围应为 5～40kHz，在衰减可以接受的情况下，使用 20～40kHz 最佳。

(4) 因使用的频率较低，耦合电容器必须在 10000pF 以上，阻波器和结合滤波器也与输电线载波通信系统的不同。

(5) 因线路分支较多，为降低成本，一般不在各分支上加阻波器，为此必须采取以下措施：载波机采用 FSK 方式提高抗干扰能力；增大输出功率以提高信噪比和适应范围；具备一定的输出功率裕量，以保证在最不利的情况下满足使用要求。对一些非常复杂且信号衰减大的线路，或对一些能产生强干扰的分支，应适当加设阻波器以降低信号衰减和减少干扰信号进入载波通道。对于一些在通信距离上满足不了的配电长线路，可以在其适当位置加设阻波器，并将其两侧的线路上的数据信息分别上报给两侧相应的主变电站。

(6) 配电线载波系统由于反射导致驻波，从而在馈线某些位置可能会存在盲点。

配电线载波通信有如下优点：可以完全为电力公司所控制，便于管理；可以沟通电力公司所关心的任何测控点；不需要得到无线电管理委员会的许可等。但是配电线载波通信系统的数据传输速率较低，容易受到干扰、非线性失真和信道间交叉调制的影响，并且配电线载波通信系统采用的电容器和电感器的体积较大、价格也较高。

2.4.6 光纤通信

光纤通信是利用光波（一种频率在 10^{13}～10^{16} Hz 的电磁波）作为传输载体，以光纤为传输介质的先进通信手段。光纤通信是配电终端与配电主站通信的主要方式，为配电网自动化提供了实时、可靠的数据通信通道。

1. 光纤通信的基本原理和特点

各种电信号对光波进行调制后，通过光纤进行传输的通信方式称为光纤通信。一般通信电缆最高使用频率为 9～24MHz，而光纤工作频率能达到 100～1000GHz，比目前半导体芯片的极限开关速度要高几十倍。光纤通信的特点：

（1）光纤通信是一种高速数据网，频带宽、通信容量大、传输速率高、传输距离远。

（2）可靠性高，抗干扰能力强。其误码率达到 10^{-10} 数量级，远优于其他通信方式。光纤通信不受电磁波或者其他强电磁场的影响。

（3）通信网络具有自愈功能。在环形结构光纤通信网络中，若通信环链接的测点比较多，为了提高光纤通信的可靠性，采用双环通信网，互为热备用，一旦通信环有故障，光端设备能自选路由，自动愈合，保证主站到子站之间通信畅通，确保了通信的可靠性。

（4）配置灵活，扩展方便。配电网若要增加新的测点，只要在就近的光纤通信环网内，找开环路直接链接即可。每个光纤通信环可以链接 100 个通信节点，完全可以满足配电网自动化系统通信网扩展的需要。

（5）完善的光端设备通信接口方式。

（6）光缆防护等级高，易于铺设。采用带有铠装、充油、束管式的光缆。光缆张力强，有一定的柔性、防水、防挤压。光缆传输的是光信号，因此不怕强电场和磁场。这给光缆铺设带来很大的方便，地面下可以与动力、电力同沟铺设，地面上可以与架空高压线同杆架设。

（7）电力特殊光缆受外力破坏的可能性小，可靠性高。电力特种光纤依托于电力系统自己的线路资源，避免了在频率资源、路由协调、电磁兼容等方面与外界的矛盾和纠葛，有很大的主动权和灵活性。

配电网自动化中的光纤通信首先应用于电业局调度大楼到 110kV 及以下变电站、配电子站的数据通信，继而广泛地用于 FTU、DTU 到配电子站或配电主站的数据通信，成为配电网自动化系统数据通信的基础。目前应用于配电网自动化系统的光纤通信技术主要有光纤同步数据体系（Synchronous Digital Hierarchy，SDH）、光纤以太网、RS-232/RS-485 串行异步光纤环网和以太网无源光网络（Ethernet Passive Optical Network，EPON）。

2. 主要光纤通信技术和设备

下面介绍几种主要的光纤通信方式：SDH 主干网络、光纤以太网、串行异步光纤环网、无源光纤网络。

（1）SDH 主干网络。SDH 是一种光纤通信系统中的数字通信体系。它是一套新的国际标准。SDH 既是一个组网原则，又是一套通道复用的方法。过去的光纤通信系统没有国际统一标准，都是由各个国家各自开发出不同的系统，称为准同步数字体系（Plesiochronous Digital Hierarchy，PDH）。因此，各国所采用的传输速率、线路码型、接口标准、结构都不相同，无法在光路上实现不同厂家设备的互通和直接联网，造成许多技术上的困难和费用的增加。

SDH 有以下几个主要的特点：

1）在全世界范围统一了体系中各级信号的传输速率。SDH 定义的速率为 155.52NMbit/s（Mbit/s 表示每秒钟传输的兆比特数，N＝1，2，3，…）。

2）复接和分接实现简单。SDH 可以把 2Mbit/s 口直接复接入 140Mbit/s 口，而不必逐级进行。另外，每个 2Mbit/s 口还可以分接为 64 路 64kbit/s 串行同步口或 9.6kbit/s 串行异步口。SDH 的出现简化了复接、分接技术，大大提高了通信组网的灵活性和可靠性。

图 2.10 表示了配电子站利用 SDH 的 2M 口、配电终端利用 SDH 的串行异步口实现到配电主站的通信连接关系。

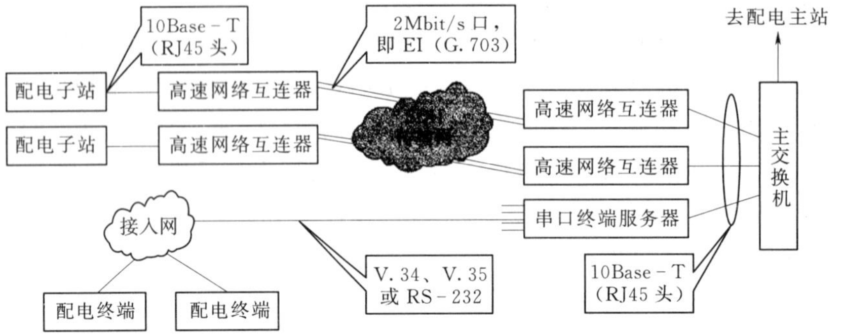

图 2.10　配电子站到配电主站的点对点光纤以太网连接

3）确定了全世界通用的光接口标准。这样就使不同厂家生产的设备可以按统一接口标准互通使用，节省网络的成本。

（2）光纤以太网。以太网利用光纤介质实现网络通信，从而构成光纤以太网通信方式。以太网在网络层使用了以太网协议，在传输层使用了 TCP/IP，并通过捆绑 IEC 60870 - 5 - 104 协议实现配电网自动化数据通信业务。光纤以太网的通信速度可达 10Mbit/s 及以上，信息路由方便，适用于数据文件传输，如配电子站到配电主站的点对点通信，配电主站与上级调度自动化系统、PMS，CIS，GIS，ERP 等其他系统的互连。图 2.11 表示了配电子站到配电主站的点对点光纤以太网通信连接关系，此时配电子站可以看成是“挂”在以太局域网延伸网线上的一个工作站。

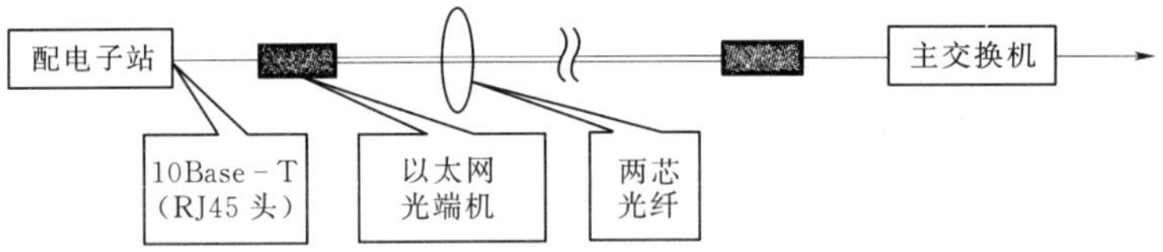

图 2.11　配电子站到配电主站的点对点光纤以太网连接

光纤以太网也可用于配电终端到配电子站的数据通信，各配电终端在光纤上通过交换机构成开环链，或通过网关构成闭环链，其中闭环链具有“自愈”能力，而开环链则会“甩掉”被断开的节点。另外，以太网是一种局域网，多个配电终端可以“挂在”同一个交换机下面并通过交换机与光端机连接，或通过 10Base - T 的“T”形接线方式构成“总线”并直接与光端机连接。图 2.12 表示了配电终端到配电子站的链状光纤以太网通信连接关系，其中“虚线”表示光纤上的不同网段可以通过增加两个光端机“合并”为同一个网段，此时配电子站不能向“合并”前的两网段同时发起通信，否则会引起光路和以太网信号碰撞。另外，RJ45 网线接入配电子站有两种方式：一是配电子站配置了多个网卡，各光端机网线分别接入不同的网卡；二是配电子站配置了带网关功能的交换机，光端机和配电子站都连接到交换机上。

（3）串行异步光纤环网。串行异步光端机在增加少量成本的基础上，利用时分复用技

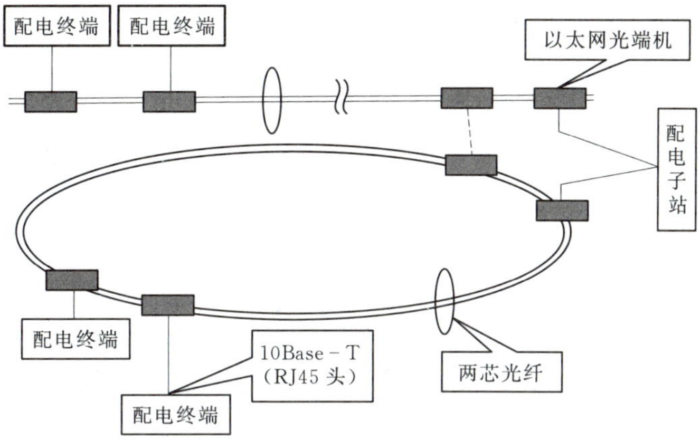

图 2.12 配电终端到配电子站的链状光纤以太网连接

术可在同一对光纤上复用出多个相对独立的 64kbit/s 以上的逻辑通道，并能提供 1～4 个光方向，为配电网自动化实现数据的分组通信和交叉接入功能提供了可靠实用的技术支持。

利用 RS－232 或 RS－485 串行异步接口接入光纤环网的通信方式称为串行异步光纤环网，具有“自愈”和“网管”功能。串行异步接口在光纤上的通信方式有点对点、一点对多点、开环链、闭环链等多种基本形式，并可将各种形式“混合”在一起以适应现场复杂的通信结构情况。在配电网自动化的实际应用中，经常使用闭环链来组成配电终端接入网的主干网络。配电终端到配电子站使用光纤自愈环网的通信连接关系，如图 2.13 所示。

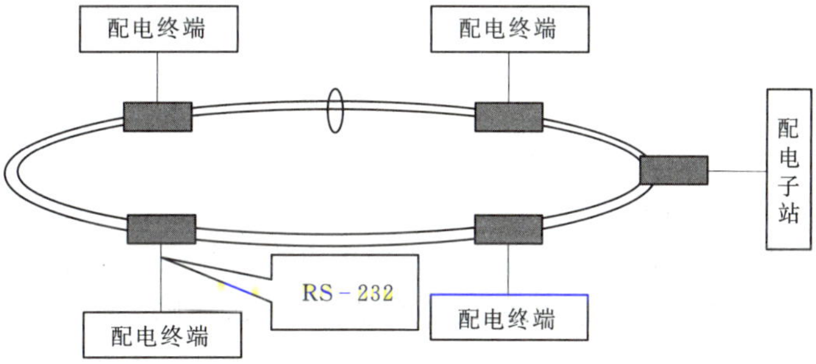

图 2.13 配电终端到配电子站的光纤自愈环连接

图 2.13 是单通道光纤自愈环，即光端机只有一个串行接口，并且在一个光纤物理环上只提供一个独立的通信通道。为了实现多种全透明并行接入通信业务、兼容多种通信协议，并提供“网管”功能，采用时分复用技术，在同一对光纤上复用出多个独立的逻辑通道，每个逻辑通道相当于一个普通光端机通道。利用这种多通道的串口光端机，可以节省光缆投资，提升通信容量，以实现分组通信和多种通信业务。例如，一种价位和普通光端机相差无几的 8+1 通道光端机就可以在同一对光纤环上复用出 8 个 57.6kbit/s 的数据口和 1 个 9.6kbit/s 的网管口。在配电网自动化系统通信应用中，经常把 8 个数据通道划分为 2 个配电终端分组通信口，2 个采集器分组通信口，4 个独立手拉手电气环的保护通信口，为实现网络式保护和控制功能提供通信保障。配电终端到配电子站、采集器到用电信息采集系统的多通道通信连接关系，如图 2.14 所示。

一种 8+1 通道光端机的通道分配如图 2.15 所示。

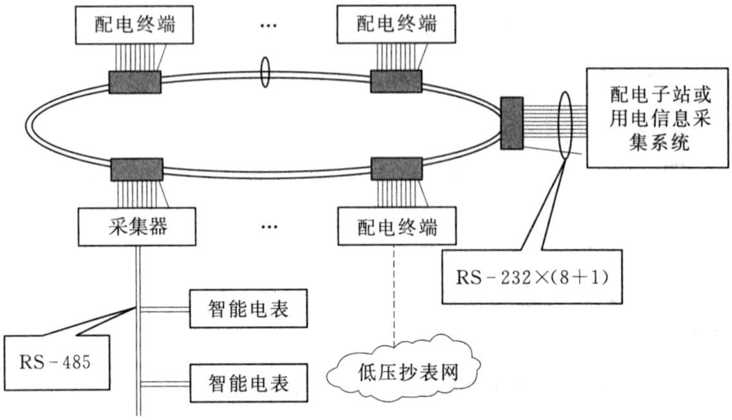

图 2.14 配电终端到配电子站的 8+1 通道光纤自愈环连接

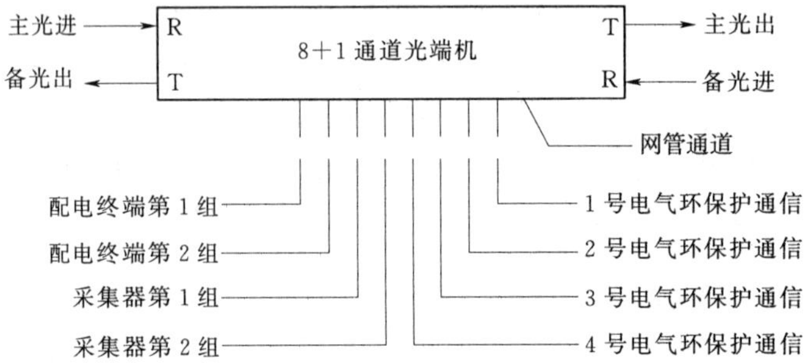

图 2.15 单模自愈 8+1 通道光端机的通道分配

在配电网自动化系统通信网的实用方案设计上，主馈线上的配电终端经常使用两芯光纤构成两个光方向的自愈主环，而分支线路上的配电终端则可以通过主环四光口光端机提供的另外两个光口就近接入，这就是交叉连接的组网方式。除了扩充交叉连接方式以外，还可以在主环里面增加一个热备用主节点光端机，当某一个配电子站、主节点光端机出现故障或检修停运时，备用主节点光端机立即启动工作，成为光纤环的主节点光端机，不中断整个通信网的正常通信。这种热主备方式如光纤自愈环的自愈功能一样，极大地提高了配电网自动化系统通信网的可靠性。

光端机的交叉连接和热主备方式在环形基础上扩充了星形和树形结构的网络拓扑关系，并在每个光纤环里配置了热备主节点，基本满足了当前配电网自动化的通信需求，如图 2.16 所示。

(4) 无源光纤网络。EPON 是基于以太网，但光的传输及分配无需电源的光纤通信网络，是一种采用点到多点结构的单纤双向的光纤通信技术。它始于 20 世纪 90 年代中期，经过十多年的发展已走向大规模商用。EPON 设备由三部分组成，分别是线路侧设备 OLT (Optical Line Terminal)、中间无源分光设备 POS (Passive Optical Splitter)、用户侧设备 0NU (Optical Network Unit)。EPON 系统组成如图 2.17 所示。目前，EPON 是

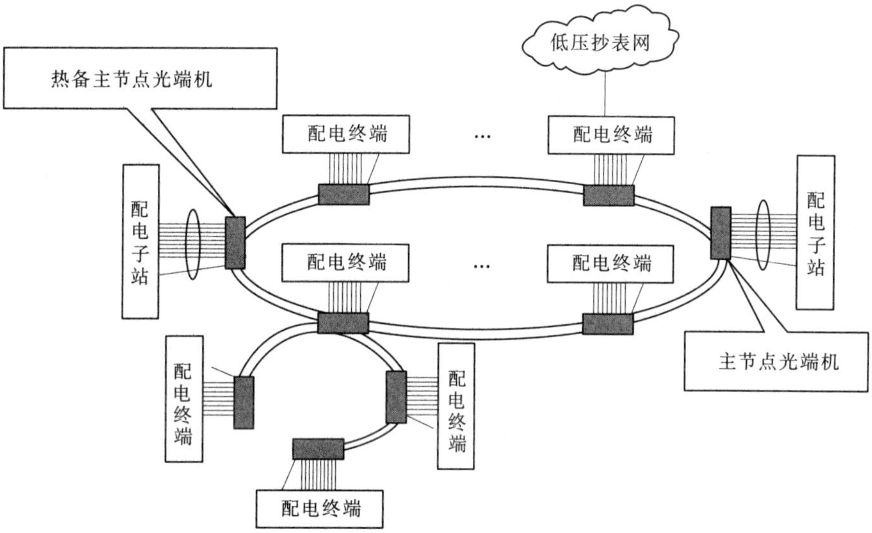

图 2.16 配电终端到配电子站的光纤自愈环交叉连接和热备方式

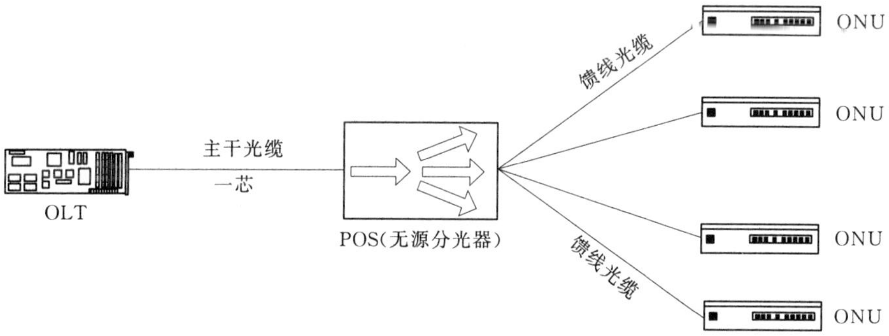

图 2.17 EPON 系统组成

配电网自动化系统主要的通信方式之一。

1) EPON 的技术特点：采用“单纤双向”技术，主干线路只需要一芯光纤，通过无源分光设备，最大可以辐射出 64 路光信号。ONU 上的不同业务类型可以实现业务通道隔离，上行数据通过时分复用（Time Division Multiple Access，TDMA）方式按照时隙传递，互不干扰，下行数据采用广播方式发送，通过动态带宽分配（Dynamically Bandwidth Assignment，DBA）技术进行动态带宽调整，各个 ONU 通过各自特定的数据标识接收数据。通过给每个光支路分配标签，在 OLT 设备的网管上可以清晰地区分出不同的 ONU 设备。OLT 和 ONU 设备之间可采用自动注册方式，添加 ONU 设备能实现即插即用，完全不影响整个通信网络的正常运行。采用 DBA 技术，根据各个 ONU 设备的业务容量情况，实时地动态调整带宽分配，最大限度利用光纤资源。

2) EPON 组网优势：①维护简单。在 EPON 中，光传输不需要额外电源，可节约维护成本，并且随着接入节点的增加，只需要相应增加分光器和 ONU 即可；②可提供高带宽。EPON 目前可以提供上下行对称的 1.25Gbit/s 带宽，并且随着以太网规模扩大可以升级到 10Gbit/s；③网络覆盖范围大。EPON 作为一种点到多点技术，可以利用局端 OLT 设备上单个光模块及光纤资源，接入大量配电终端，覆盖半径可达 20km；④网络可靠性高。EPON 系统中各个 ONU 与局端 OLT 设备之间是并联通信关系，任何一个 ONU 或多个 ONU 故障，不会影响其他 ONU 及整个通信系统的稳定运行，并且基于 EPON 的通信数据都采用 AES－128 进行加密，以保证数据的安全；⑤简化网络层次。EPON 通过使用分光设备，简化了中继传输系统，使网络结构更加简单明晰；⑥组网灵活。EPON 可以组成星形、链形、环形、树形、混合型等网络结构，如图 2.18 所示。

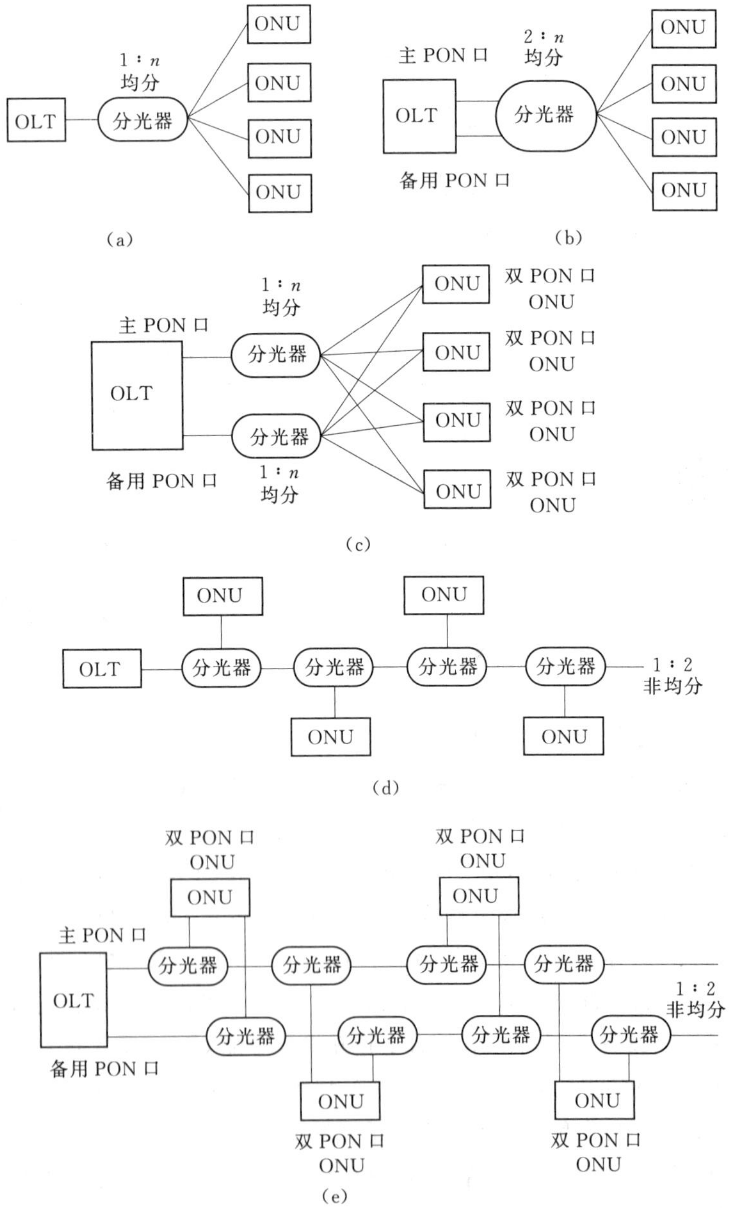

图 2.18 EPON 网络结构

(a) 基础树形；(b) 主干保护树形；(c) 全冗余保护树形；(d) 总线型（链形）；(e) 全保护总线型（链形）

3）EPON 系统使用的通信介质：目前各级电力公司已建成以光纤通信网络为主的调度通信网，所辖电网内 35kV、110kV 及以上变电站基本实现光纤全覆盖，因此，光纤通信网络具备向 110kV 或 35kV 以下的配电线路延伸的网络基础。常用于电力系统通信介质的光缆有三种：全介质自承式光缆、光纤复合架空地线、光纤复合相线。在实际施工中，通常有以下几种敷设光缆的方式：

a. 将光缆沿着配电线路架设，挂在电力导线下方。

b. 将光纤放置于架空的中高压配电线的地线中。

c. 在一些不架设地线的配电线路中，将光纤单元复合在配电电缆相线中。

d. 利用电力线管道，地埋光缆。

无论使用哪种光缆、采用何种方式敷设，只要是单模光纤介质，EPON 系统都可以支持。

4）EPON 系统的通信带宽及接口：现有配电网终端一般具有 RS－232、RS－485、GPRS 或以太网等通信接口。随着以太网技术应用的不断发展，近年来配电终端接口正慢慢朝以太网过渡。与传统的调度自动化系统相比，配电网自动化系统中配电终端节点数量极大，一个中等规模配电子站系统的配电终端节点数量可有一千多个，同时配电终端还具有节点分散、每一节点的通信数据量小、实时性要求高等特点。因此，在实施配电网自动化通信网络建设时，应该充分考虑到每个配电子站系统通信线路所需要提供的速率要求。通信速率的选择一般是依据监控点数据量及实时性要求而定的，对不同的配电终端通信速率的选择见表 2.4。

表 2.4　　不同配电终端通信速率的选择

配电终端	通信速率/（bit/s）
DTU	1200～2M
FTU	1200～9600
TTU	300～9600
用户抄表终端	300～1200

EPON 系统所能提供的接入带宽足以满足上述要求。在接口方式上，ONU 设备在以太网口、语音接口的基础上增加了 RS-232/RS－485 接口，并且可以配置、更改各接口的通信参数。

2.4.7 ZigBee 无线传感器网络

无线传感器网络（Wireless Sensor Network，WSN）技术综合了传感器技术、嵌入式系统技术、无线网络通信技术、分布式信息处理技术等，通过各类集成化的微型传感器节点实时监测、感知和采集各种环境或监测对象的信息。每个传感器节点都具有无线通信功能，组成一个无线网络，将测量数据通过自组多跳的无线网络方式传送到监控中心。WSN 技术克服了传统的数据点对点无线传输模式的局限性，拓扑结构具有动态性、自组织性以及网络分布式特性，同时具有低成本、低功耗、超强通信能力、通信距离较远和抗干扰能力强等诸多优点，适合于测量点多、范围分散场合的信息传输。目前，WSN 技术在居民用户用电信息采集系统中得到了较好的应用。

1. ZigBee 网络构成

ZigBee 是一组基于 IEEE 802.15.4 无线标准研制开发的，有关组网安全和应用软件方面的技术。IEEE 802.15.4 仅处理 MAC 层和物理层协议，ZigBee 在 IEEE 802.15.4 基础上定义了网络层以支持先进的网络路由功能。ZigBee 规范是由组成 ZigBee 联盟的一个不断发展的企业财团开发的。联盟成员超过 300 家，包括了半导体企业、模块企业、协议栈和软件开发商等。

ZigBee 定义了三种不同类型设备：网络协调器、路由器和终端设备。ZigBee 网络构成如图 2.19 所示。

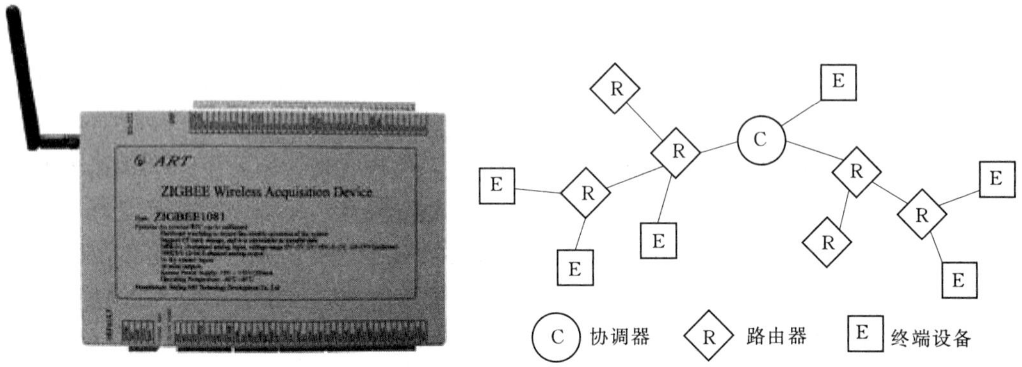

(a)　　(b)

图 2.19　ZigBee 网络

(a) ZigBee1081 无线数据采集卡实物图；(b) ZigBee 网络构成

网络协调器通过选择一个信道和 64 位及 16 位的个域网标识（Personal Area Network Identification，PAN ID）来启动网络；协调器能够允许路由器和终端设备加入这个网络并协助路由数据；必须保持供电，不能睡眠。

路由器在传输、接收或者路由数据前必须加入一个 ZigBee 网络；加入网络后，能够允许协调器和终端设备加入这个网络；加入网络后，能够协助路由数据；必须保持供电，不能睡眠。终端设备在传输或者接收数据之前必须加入一个 ZigBee 网络；它不能允许其他设备加入该网络；必须通过它的父设备传输和接收数据，不能路由数据；能够进入低功耗模式以节约电能，可采用电池供电。

一个终端设备加入由路由器或者协调器构成的 ZigBee 网络后，它能够通过那个路由器或者协调器传输、接收射频数据。允许一个终端设备加入的路由器和协调器就成为这个终端设备的“父设备”。因为终端设备能够睡眠，父设备必须能够为它的子设备缓存或者保留发来的数据，直到这个子设备醒来并接收这个数据。

2. PAN ID

ZigBee 网络称为个人区域网络（PAN）。每个网络由一个唯一的 PAN ID 定义。ZigBee 设备可以加入一个预先设置 PAN ID 的网络，或者探寻附近的网络并选择一个 PAN ID 加入。

ZigBee 支持 64 位 PAN ID 和 16 位 PAN ID。这两个 PAN ID 都用来唯一地标识一个网络。在同一个 ZigBee 网络中的设备必须具有相同的 64 位 PAN ID 和 16 位 PAN ID。如果多个 ZigBee 网络运行在一个有限区域内，每个网络应该有唯一的 PAN ID。

64 位 PAN ID 是一种唯一的、不重复的值。当协调器启动一个网络时，它可以在预先设置的 64 位 PAN ID 上启动网络，也可以选择一个随机的 64 位 PAN ID。64 位 PAN ID 在加入期间使用。如果设备预先设置了 64 位 PAN ID，它将只加入具有相同 64 位 PAN ID 的网络；否则，设备可以加入任何检测到的 PAN 网络，并在加入网络时从该网络继承其 PAN ID。64 位 PAN ID 包含在所有的 ZigBee 信标帧里，用来解决 16 位 PAN ID 因地址空间有限而产生的冲突问题。

ZigBee 路由器和终端设备常预先设置它们要加入网络的 64 位 PAN ID。它们在加入网络时获得 16 位的 PAN ID。

3. 工作信道

ZigBee 采用直接序列扩频调制并工作于固定频道。IEEE 802.15.4 在 2.4GHz 的频段里定义了 16 个工作频道（网络信道）。

2.4.8 无线通信方式

无线通信方式结构简单，架设方便，价格便宜，实践证明它在配电自动化中是具有生命力的。无线通信方式是一种覆盖面广的通信方式；它不需要传输线，而且可以构成双向通信系统，特别是任何无线通信方式都有能力和停电的区域进行通信。

无线通信方式包括以下几种：调幅（AM）广播：调频广播、无线寻呼网、甚高频通信（VHF）、特高频通信（UHF）、无线扩频通信、微波通信、卫星通信。下面讨论在配电自动化中常用的几种通信方式。

1. 高频通信

高频通信包括 VHF 和 UHF。频率范围在 30～1000MHz 的无线通信为高频（HF，High Frequency）通信。高频分为甚高频（VHF）和特高频（UHF）。

在 VHF 频段（30～300MHz），通信速度不高，传输距离较短，但绕射能力较强。可以采用 200 MHz 数传电台来实现配电系统自动化的通信，其通信速度在 1200bit/s 左右，通信距离约为 10～20km，由于大城市中工作在此频段附近的无线电设备较多，干扰比较严重，因此 VHF 电台的通信比较适用中小城市和大城市近郊及广大农村地区的配网自动化设备间的通信。

在 UHF 频段（300～1000MHz），国外在配电系统工程中，主要采用 800MHz 这一频率。UHF 通信不容易受到其他通信业务的干扰，通信速率可以达到 9600bit/s，另外由于通信波长较短，UHF 通信的天线的尺寸比较小，实践证明 UHF 通信是非常可靠的。当然，与较低频率的通信方式相比，特高频信号的覆盖面积更小，更容易受到多路径效应和障碍物的影响，由于工作频率高，UHF 通信还会受到视距的限制，在多山及城市高楼林立的环境下，UHF 通信就不能很好地工作。

我国无线电管理委员会将 821～825MHz/866～870MHz 作为无线数据频段，其中 866～870MHz 用于基地台（即中心站）发射，821～825MHz 用于终端台发射。将上述频段又分为 A 段（821～824MHz/869～870MHz）和 B 段（824～825MHz/869～870MHz）。A

段信道间隔为25kHz，B段信道间隔为30kHz，A段中共有120对频点，其中有12对用于普通遥控和遥测数传业务。采用该频段的数传电台可以较好地满足配电自动化的需要。

因为800MHz频段具有较强的绕射能力，终端电台的体积小、重量轻、天线尺寸小，可以直接安放在线杆上的特点；并且在一般情况下800MHz数传电台的容量较无线扩频系统要大，一个主站至少可以连接100个以上的终端站，设备造价上，800MHz数传电台也比无线扩频系统低；另外，800MHz数传电台的组网结构灵活，当配调主站与外围站之间太远或有高山阻挡时，可以采用中继站组成二级网；尤其是易于扩展，便于工程分阶段实施。所以800MHz无线数传系统是配电自动化通信系统的合理选择之一。

2. 扩频通信

扩频通信的频率范围为900～1000MHz，扩频通信的优点是抗干扰能力强，传输速度高，发射功率小；缺点是要求通信两端无阻挡，对大城市比较困难。一般用于通信点不多，通信速率要求较高的场合，例如子站与配电控制中心间的通信。

扩频通信是将传送的信息频谱通过编码及调制的方法将信息频谱展宽100～1000倍，整个信息就分布在这样一个宽带上。频带展得越宽，功率谱密度越低，相应的干扰信号能量就更小了。从整个被展宽的频带上看，同一个干扰信号源频谱带宽只能占很小一段，不可能达到扩频后的频谱宽度。因为，在干扰源总功率不变的条件下，频带展宽10倍其干扰强度只有原来的1/10，要保持原来的干扰强度，则功率必须加大10倍。在接收端增加了窄带滤波器、相关码检测（PN码），就大大提高了抗干扰能力和保密性等。

扩频通信系统要完成扩频工作，都要进行三次调制和相应的解调：第一次调制为信息调制（将被传送信息调制成数字信号）；第二次调制为扩频调制（由扩频码发生器产生的扩频码序列去调制数字信号以展定信号频谱）；第三次调制为射频调制，射频调制后的信号通过天线发射出去。与一般通信系统相比，扩频通信就是多了扩频调制系统部分。

从1995年起，在部分农村电网采用了扩频通信设备作为电力自动化系统的通信通道，几年来的运行实践证明，扩频通信从技术上完全能够满足要求，还可以数字通信与通话复用，并且运行可靠，价格合理，维护检修工作量极小。

长距离的通信能体现出扩频技术的诸多优点，但对位于高楼林立之中的城市配电网，由于柱上开关及配电网变压器的位置很难确定最好的通信环境，其放射信号的接收会受到波传输的影响（绕射功能差），往往是应用效果不佳。

3. 微波通信

微波是指频率在300～3000GHz韵电磁波，微波通信是采用1000MHz以上的频率，外加特有的设备构成的通信方式，同光波一样，微波通信是直线传播的，因而也称视距通信。微波通信在电力系统中发挥着重要的作用，对于调度自动化和变电站综合自动化数据的传输有重要意义。微波通信具有传输距离长（标准站距为50km）、容量大、稳定性能好、配置灵活等优点，尤其是一点多址的小微波（TDMA）产生后，使微波通信的灵活性更加增强了。但由于微波传播受气候、地理环境等的影响比较大，对配电自动化系统而言，由于传输速率要求不高，再加上要增加一套微波通信系统，使其造价提高，更重要的是要向无线电管理委员会申请频率，因而在本系统没有微波通信的前提下，一般不予考虑。

4. 调幅广播

调幅广播是对信号进行相位调制后以幅度调制的形式调制到载波上，通过发射系统发射出去，是一种单向的通信方式。用于配电自动化的调幅广播采用不干扰现有无线调幅广播电台的频率范围工作，一般应用于对大量的用户进行负荷控制，与高频通信相比，调幅广播的波长更长，因而传输的距离较长，且不受视距和障碍物的影响，一般没有多路径效应。调幅广播适用于地形复杂区域的配电自动化系统的需要。

5. 卫星通信

卫星通信是通过同步轨道上的卫星完成的。卫星有信号转发器，用来接收上联信号并以不同的频率转发出去。由于卫星有很高的高度，它能提供广阔的、均匀的信号覆盖。为了通过卫星进行通信，需租用或拥有卫星的信号转发器并有必要的上联与下联设备。上下联通常是使用微波频率。我国的云南和贵州的一些电力单位已经成功地在 SCADA 系统中使用卫星通信，卫星通信在配电自动化中的使用也正在被考虑之中。

2.5 配电网自动化系统通信方案

配电系统通信方式的选择，应根据实际条件，因地制宜，综合考虑，并进经济技术比较分析，从而用比较经济的形式全面满足配电自动化系统的要求。在一个具有分层集结的配电自动化系统中所处的层次越高则所需要的通道数就越少，所需带宽和可靠性就越高，通常将高层次的通信信道称为通信主干道。为了能为每一条信道提供最合适的通信方式，一般在不同层次上采用不同的通信方式。例如，在变电站与上级控制中心之间，一般采用光纤、无线和载波。而对于大量的配电线路，可采用光纤、无线，在某些场合下，也可采用载波和专用电话线，构成混合的通信方案。

2.5.1 有线方式构成的配电自动化通信方案

配网自动化工程所使用的通信介质主要有光纤、屏蔽双绞线、配电线。一个由有线方式构成的配电网自动化通信方案的网络结构如图 2.20 所示，图中 CP 表示自愈型光收发器。

从系统运行的情况看，屏蔽双绞线不适宜作为主干通信网络的通信介质。图 2.20 是一个包含主站、子站、FTU、TTU 以及电量集抄系统的完整的配电自动化系统，下面分层次对各部分使用的通信介质进行说明。

(1) 主站与子站之间，使用单模光纤。实施配电自动化的电力企业（供电局），大多在调度中心与变电所之间已经建立了单模光纤通信网络，配网自动化系统主站与子站之间的通信可以借用这个通道，以节省再次铺设通信线路的投资。而且，主站与子站之间的通信距离相对较远，中间又没有中继装置，单模光纤的传输距离在 6km 以上，完全能够满足要求。

(2) 子站与 FTU 之间，使用多模光纤。主干通信网络采用光纤作为通信介质，可靠性高，出现故障的可能性低。光纤通信网络相对于有线及无线而言，投资要高一些，但光纤通信网络可靠性高，而且目前光缆的价格及光收发器的价格也可以接受。使用自

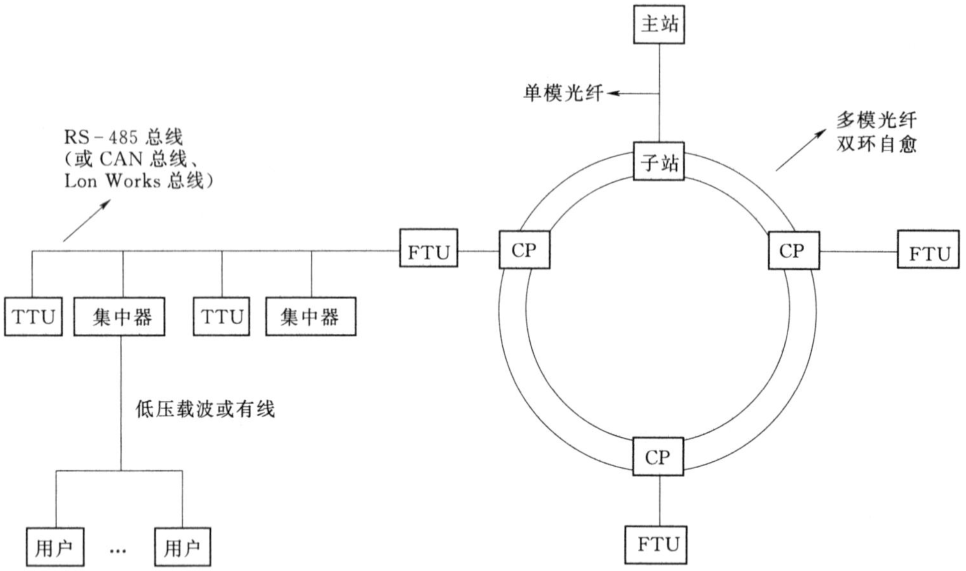

图 2.20 配电自动化系统通信方案网络结构图

愈双环网，可以保证通信网络故障时不至于导致整个网络通信的崩溃。因为子站与FTU之间形成的通信网络之间，各个通信节点的距离较短，很少超过3km，多模光纤已经能够满足要求，不需要使用单模光纤。因此子站与FTU之间可使用多模光纤，构成自愈双环网。

(3) TTU与电量集抄系统的数据的转发。如果由FTU负责附近下TTU及电量集抄系统数据的转发，可以利用有线（屏蔽双绞线）方式采用现场总线（如RS-485、CAN总线、LonWorks总线等）通信，由于TTU与电量集抄系统的数据实时性要求不高，通信介质选用屏蔽双绞线已经能够满足要求。FTU负责附近TTU及集抄系统的转发，仅作为数据传输的通道，不进行数据解包工作。对于TTU及电量集抄系统的数据的处理，还有另外一种方式，即将TTU及电量集抄系统的数据通过配电载波送到子站，但配电网自动化系统的网络重构及线路故障时会对配电载波通信有影响，虽然说NDLC能解决这一问题，还是应考虑多方面的影响。

集抄部分集中器与电量采集终端之间可以采用低压载波，或采用RS－485方式。

2.5.2 有线方式和无线方式混合构成的通信方案

在选择混合通信系统的方式时，应充分利用各地区原有的通信基础设施，减少投资，提高经济性。图2.21是一个典型的混合通信方案网络结构图，图中主变电站的RTU与控制中心之间、开闭所RTU（FTU）与配电控制中心之间采用光纤通信方式（也可采用租用电话线通信方式）；而开闭所或变电站可作为通信集结点，它与馈线FTU之间可采用配电线载波（DLC）方式通信；对于单向负荷控制则可采用调幅或调频无线广播通信方式直接和控制中心相联系，对于双向负荷控制则可采用230MHz的无线负荷控制专用频道和控制中心相联系；而远方抄表则采用拨号电话线和控制中心相联系。在这个系统中，不同的通信方式的优点得以充分发挥。

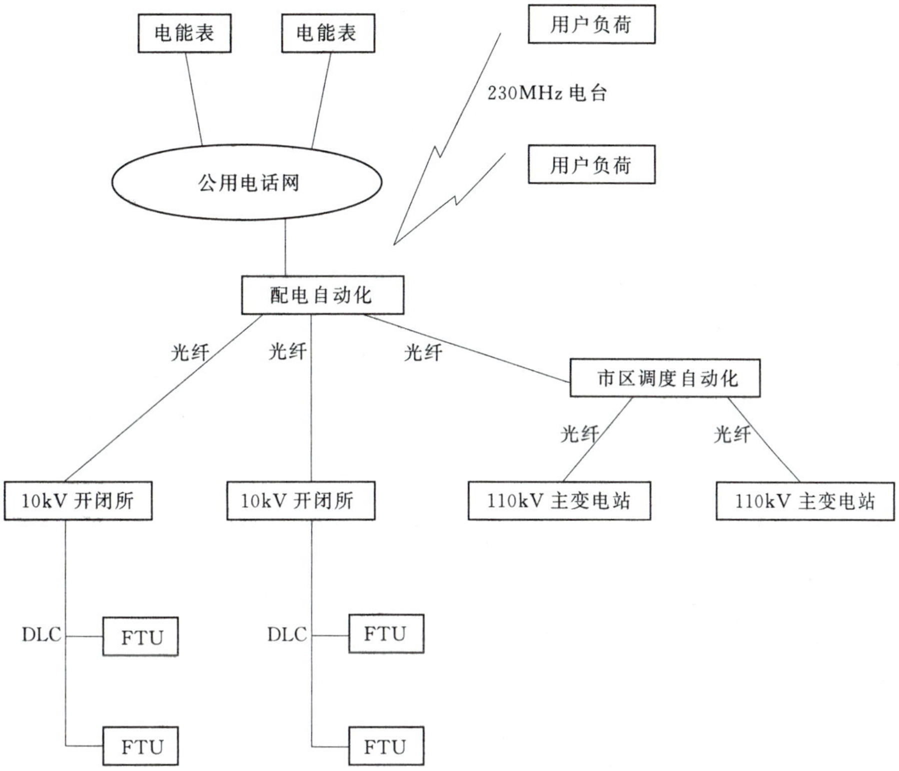

图 2.21　一个混合通信方式的网络结构

习题与思考题

2-1　通信系统分为哪几层？各层的定义。站内 FTU 和站间 FTU 的通信组织方式有哪几种？

2-2　配电网自动化对通信系统的要求有哪些？

2-3　通信系统由哪几部分组成，各部分的作用如何？

2-4　配电网自动化用到的通信方式有哪些？各种通信方式有何区别？

2-5　现场设备级通信方式有哪两种？

2-6　配电线载波通信主要由哪些设备构成？其特点如何？

2-7　简述光纤通信的原理和组成，简述光纤的分类及特点。

2-8　光纤通信的优缺点有哪些？

2-9　什么是自愈双环网，它的组成和特点是什么？

2-10　无线通信方式分为哪几种，配电网自动化系统中常用的三种通信方式的频段分别是多少？

2-11　试根据实际情况为一个将要实施配电自动化工程的城市设计合理的通信方案。

第3章 变电站综合自动化系统

配电变电站是配电网的重要组成部分，因此配电变电站自动化程度的高低，直接反映了配电自动化的水平。配电变电站一般要求是无人值守的，而自动化水平的提高是实现无人值守的基础。配电变电站自动化和输电网中变电站自动化采用的设备类似，即在站内安装微机远动装置（RTU），与输电网不同的是配电变电站自动化因不需要考虑电力系统的稳定问题，保护和故障录波的要求都比较简单，但要求设备适应环境的能力要更强。

3.1 远动终端的发展

远动终端（RTU）作为变电站自动化的主要设备，它的发展在一定程度上也代表着变电站自动化系统的发展。我国的远动技术是在20世纪50年代发展起来的，大至经历了如下几个阶段：

20世纪50年代从苏联引进了有触点远动装置，通信速率低，精度低，功能弱。

20世纪60年代以来，我国自行研制出无触点数字式综合远动装置，具有四遥功能，精度比有触点式远动装置有了很大提高，但可靠性和灵活性差。

20世纪70年代中期，我国电力系统中运行着的远动装置是由硬件逻辑元件组合而成的，功能有限。

在变电站中，待传送的远动信息（YX、YC）按时间先后编成一串电码。遥信量是开关量，对于开关量，经采样后可直接送入处理器，按规定好的时分多路制格式排列，然后串行发送出去。遥测量是模拟量，模拟量的输入分为电压互感器（TV），或电流互感器（TA）的输出。采集到的模拟量首先经变送器变成0～5V的电压，后经A/D转换器把采样幅值转换为二进制数码后送入处理器，再经过BCD转换，并将各路被测量按照规定好的时分多路制格式排列好，串行发送出去。这些遥测、遥信等信息，将送到调度所的模拟盘上去显示，这就实现了远距离收集信息的自动化。另外，从电流互感器、电压互感器输出的电流、电压等模拟量，以及开关接点信息，通过电缆直接传送到变电站的主控制室中，为变电站的生产运行值班人员提供必要的信息。

20世纪80年代起基于微处理机的远动装置迅速发展，具有了微处理器的速度快、功能强、应用灵活等优点。早期的微机远动装置为单CPU结构的集中式RTU，各功能模块间以并行总线相互联系，整个RTU中只有一个智能模块。

对于较大厂站采集和处理数据较多，尤其是变电站综合自动化的发展，要求RTU有更大的容量和更丰富的功能，如一发多收、多规约转发、当地显示等，单CPU结构难以胜任，于是多CPU结构的分布式微机远动装置成为更新一代的产品。

微机远动装置的另一个发展领域是交流采样，即省去变送器，直接通过A/D采集工频交流信号，经数据处理得到其有效值的方法。交流采样解决了采用传统变送器的响应速度慢、稳定性差及工程造价高的问题。

3.2 RTU的主要功能和结构

远动终端是电网调度自动化系统中安装在发电厂、变电站的一种具有四遥远动功能的自动化设备。

3.2.1 RTU的主要功能

远方功能：RTU与调度中心之间通过远距离信息传输所完成的监控功能。

(1) 遥测 (YC，Tele-measurement)：远程量测值。RTU将采集到的厂站运行参数按规约传送给调度中心 (上传)。包括：P、Q、U、I、挡位、温度等，容量达几十到上百个 (路)。另外还包括两类特殊YC：

1) 数字值 (Digital Measured Value)：RTU以数字量的形式直接接收后上传。如频率、水库水位等。

2) 记数脉冲 (Counter Pulse)：单独的采集 (电路) 板。主要指RTU采集的反映电能量的脉冲记数。容量可达几十路电度量。

(2) 遥信 (YX，Tele-indication，Tele-signalization)：远程状态信号。RTU将采集到的厂站设备运行状态按规约传送给调度中心 (上传)。包括：断路器和隔离刀闸的位置信号、继电保护和自动装置的位置信号、发电机和远动设备的运行状态等。容量达几十到几百个。

(3) 遥控 (YK，Tele-command)：远程命令。调度中心发给RTU的改变设备运行状态的命令。包括：操作厂站各电压回路的断路器、投切补偿电容器和电抗器、发电机组的启停等。容量可达几十个设备。

(4) 遥调 (YT，Tele-adjusting)：远程调节命令。调度中心发给RTU的调整设备运行参数的命令。包括：改变变压器分接头位置 (调压)、改变发电机组P或Q的整定值 (调节出力)、自动装置整定值的设定等。容量可达几个到十几个设备。

电力系统运行所需的主要信息见表3.1；电力系统运行所需的主要控制、调节命令见表3.2。

表3.1　电力系统运行所需的主要信息

传送方向	类　别	信　息　名　称
发电厂或变电所 ↓ 调度控制中心	遥测信息	线路潮流 (有功、无功功率) 或电流 变压器潮流 (有功、无功功率) 或电流 发电机出力 (有功、无功功率) 负荷 (有功、无功功率) 母线电压 (电压控制点) 频率 (每一个可解列部分) 功角 水库水位 电能量

续表

传送方向	类别	信息名称
发电厂或变电所 ↓ 调度控制中心	遥信信息	断路器分、合闸状态 隔离开关分、合状态 继电保护和自动装置动作状态 发电机开、停状态
	其他信息	事件顺序记录 转发其他厂站信息 返送校核信息 RTU 工作状态信息 事故追忆信息 故障录波信息

表 3.2　电力系统运行所需的主要控制、调节命令

传送方向	类别	信息名称
调度控制中心 ↓ 发电厂或变电所	遥控信息	断路器操作信息 电动隔离开关操作命令 机组启、停操作命令 并联电容器投切操作命令
	遥调信息	发电厂或机组有功出力给定值 发电厂或机组无功出力给定值 变压器分接头位置
	其他信息	对时信息 查询信息 RTU 远方诊断 RTU 参数设置

（5）事故数据。

1）事件顺序记录（Sequence Of Event recording，SOE）：实时检测遥信变位（YX-BW）（带时标的遥信），立即记录变位时刻、变位设备序号、变位状态等组成 SOE 优先传送（CDT 下）。

2）事故追忆（Post Disturbance Review，PDR）：冻结某时刻全网的重要的遥测点、遥信点的画面（如照相），每个这样的画面称为一帧，其循环周期可为数秒到数分。典型的 PDR 记录长度为：事故前 10min，事故后 5min。

（6）统一时钟。具有对时功能。接收调度中心的校时命令。统一时钟为了不同厂站之间事故分析以及电度量冻结。

（7）电能采集（PA）。

（8）采集变电站各条进线和出线以及主变两侧的电能值，传统做法是通过记录脉冲电能表的脉冲来实现，较先进的做法是通过和智能电能表通信获取电能值。

（9）转发。接收其他 RTU 送来的远动信息，按规约组装转发给指定的调度中心。

（10）适合多种规约的数据远传。基本远动任务配套标准 IEC 60870-5-101（简称 101

规约）或其他CDT、Polling规约。具有同步或异步远动通信接口。

当地功能：RTU自身或连接的显示记录设备的实现监控功能。

（1）CRT显示：与RTU直接连接（或通过当地工作站）的CRT可显示RTU采集的四遥、YXBW等信息。

（2）汉字报表打印：实现三类打印：定时打印、事件记录打印和召唤打印。

（3）本机键盘显示器：RTU自带的操作面板，实现循测、定测、选测和显时功能。

（4）RTU自检、自调功能：反映RTU的自身的可维护能力。插件损坏诊断，程序“走飞”时的自恢复能力、主备通道监视功能。

3.2.2 RTU的结构和分类

从硬件结构上有单CPU结构RTU和多CPU结构RTU。

在采样方式上，RTU又可分为直流采样RTU和交流采样RTU两大类。

从组屏方式上，RTU还可分为集中组屏和分散布置两类。

从体系结构上，变电站的RTU可以分为集中式RTU和分布式RTU两大类，分布式RTU又可分为技术分布式RTU和全分布式RTU两大类。集中式RTU的主要特征是：单CPU，无微机保护功能，容量小，各模块间采用并行总线相联系，而并行总线不允许传输太长距离，因此均是集中布置于一个机箱或机柜中，即集中组屏，二次连线多，主要适用于小区变、小型配电变电站和开闭所。分布式RTU的特征是：多CPU，串行总线，智能模板，既可以柜中组屏，又可以分散布置，是厂、站自动化系统的发展方向。技术分布式RTU主要是按功能来区分，根据变电所监控功能的不同，遥信、遥测、遥控及遥调功能等按模块化设计，各自有独立的CPU负责采集和处理相关信息，安装方式以集中为主，二次连线也较多，主要适用于中小型配电站和中小型开闭所、大型配电变电站和开闭所的改造。全分布式RTU则按照线路、主变压器、电容器等不同对象设计，各自有独立的CPU完成对应的信息采集和控制，具有微机保护功能，安装方式以分散为主，主要适用于新建变电站和开闭所及变电站综合自动化。

在外形上，还可分作机柜式RTU、机箱式RTU、壁挂式RTU和单元模块化RTU等几类。

1. 单CPU结构的RTU

（1）硬件部分。

1）系统部分：CPU、总线、RAM、EPROM、定时器/计数器、中断控制器、串行通信接口等。

2）人机联系：打印机、显示器、键盘。

3）输入/输出电路（可编程接口芯片）：输入电路包括：YC、YX、DI、DD；输出包括：YK、YT。

4）通过系统总线连接。

（2）软件组成。

1）主程序：系统初始化、人机联系等。

2）中断服务程序：完成RTU输入/输出（时钟、A/D服务程序、通信发送/接收中断等）。

单 CPU 结构的 RTU 基本框图如图 3.1 所示。

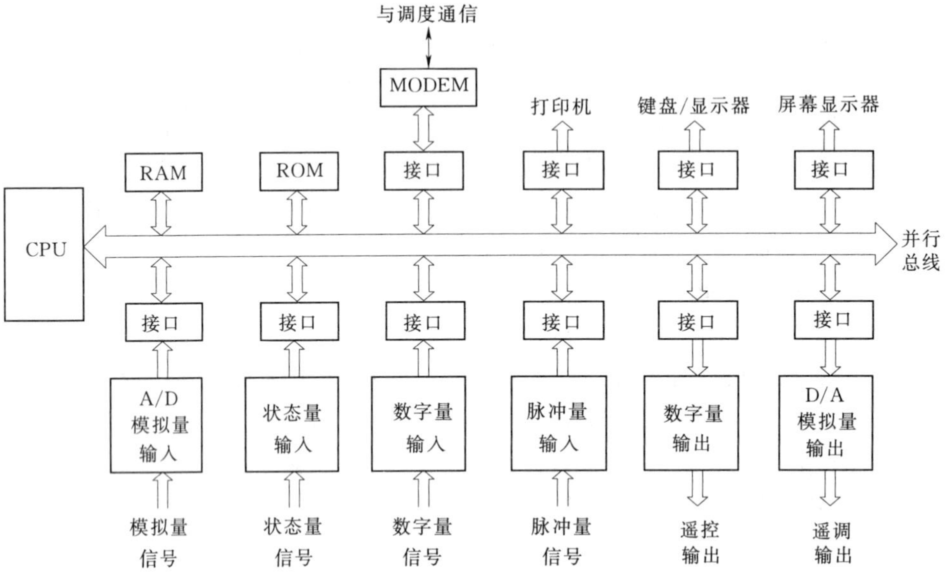

图 3.1　单 CPU 结构 RTU 基本框图

2. 多 CPU 结构的 RTU

(1) 硬件组成。

1) 主控系统：管理各个子系统、人机联系、调度通信。

2) 若干子系统：每个子系统单独 CPU，包括 YC、YX、YK、YT、DI、DD 等子系统。

3) I/O 总线连接主控系统和各个子系统。

(2) 软件组成：单独子系统：主程序＋若干中断服务程序组成。

1) 主控程序：与子系统的通信程序、调度通信程序、数据处理、人机联系程序。

2) 功能子系统：与主系统通信发送/接收、输入/输出。

多 CPU 结构的 RTU 框图，如图 3.2 所示。

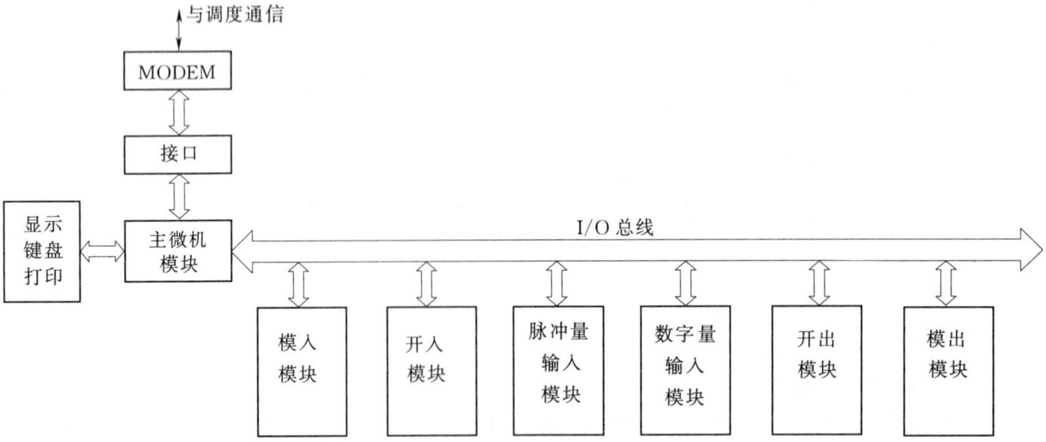

图 3.2　多 CPU 结构的 RTU 框图

3.3 RTU的各输入输出通道

3.3.1 模拟量输入通道

1. 直流采样

通常将采用电量变送器进行的采样称为直流采样，其模拟量输入通道一般由变送器，信号处理电路、多路转换开关、采样保持器和A/D转换器等组成，如图3.3所示。

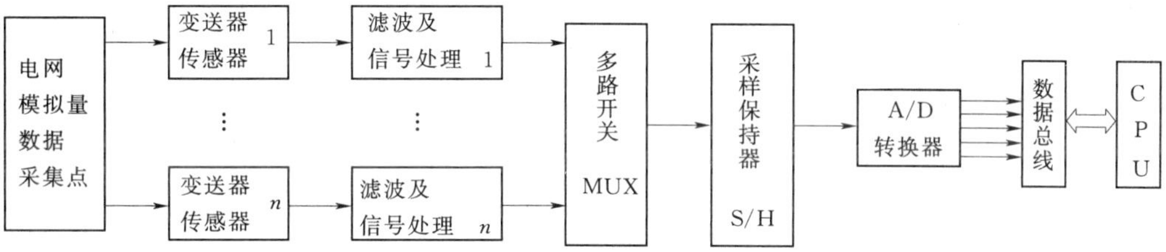

图3.3 模拟量输入通道（直流采样）

图中变送器的作用为：①将强信号（一般为交流100V，5A）转化为适合于计算机和仪表使用的弱信号（一般为直流5V，1mA）；②将交流信号转化为直流信号；③从瞬时信号获得有效值；④确保输出直流量与输入测量量之间满足线性关系；⑤实现输入与输出隔离。

滤波及信号处理部分中，滤波电路（RC电路）是为了消除干扰，提高输入信号的信/噪比；信号处理是为了将变送器或传感器输出的各种不同电信号经过放大或处理成为后面A/D转换器所能接受的电压范围。

多路转换开关是一种受CPU控制的电子切换开关。由电量变送器送来的多路模拟量公用一套A/D，只有被选中的一路才可以通过多路开关进入A/D，其余各量则需等候下一次的选择。由于A/D转换的速度很快，而电量变送器输出的直流模拟信号变化速度较慢，在进行转换的很短时段内，模拟直流量几乎没什么变化，因此在直流采样中也可以不配采样保持器。

采样保持器的作用是可在微机指令下将瞬间采集的模拟量“样本”冻结一段时间，以保证在A/D转换器完成一次完整的转换所需的时间段中（例如AD574A需25μs），各模拟量不发生变化，为同一时刻的采样值，否则就会不准确。例如，为了准确地测量有功功率和无功功率，采样的关键在于采集的电压和电流信号的同时性，若采集的电压和电流信号有时间差，则相当于改变了功率因数角度，从而造成测量误差。

对于变化较慢的模拟信号，例如经过变送器输出的直流模拟信号，在A/D进行转换的很短时段内（微秒级）几乎没什么变化，因此在直流采样中也可以不配备采样保持器。而对变化较快的模拟量来说，例如不经过变送器而直接对交流进行采样时，就必须配置一组同时启动的性能较好的采样保持器（S/H）。

采用变送器的直流采样系统存在的以下一些问题：①遥测数据的准确性受变送器稳定性的影响，变送器出现不正常的情况时有发生，这样就影响了遥测准确性；②遥测数据的实时性受变送器响应速度的影响；③变送器的维护工作量比较大；④对于变电站来说，需要大量的变送器，增加了工程造价和占地面积。

2. 交流采样

不经过变送器，仅将信号经过起隔离和降低幅值作用的中间 TA 和 TV 后，仍以交流模拟信号供 A/D 按一定规律进行直接采样，并加以处理，计算出电压、电流有效值以及有功、无功功率的方法称为交流采样。

交流采样方法实际上就是用微机取代传统的变送器，充分发挥微机功能强、灵活可靠、使用方便等优点，从而克服因使用传统变送器而导致的一系列不良影响。此外，结构分布式 RTU 采用交流采样还可以兼有微机保护功能。

3.3.2　模拟量的输出通道

图 3.4 所示为模拟量输出电路的组成，由于计算机输出的一组待转换数字量在数据总线上稳定的时间很短，而 D/A 转换需要一定的时间，为保证此期间待转换的数字量不发生变化，必须用锁存器来保持数字量的稳定，一直锁存到转换完毕，又有新的数据存入时为止，因此锁存器的作用类似于 A/D 转换时的 S/H 的作用。

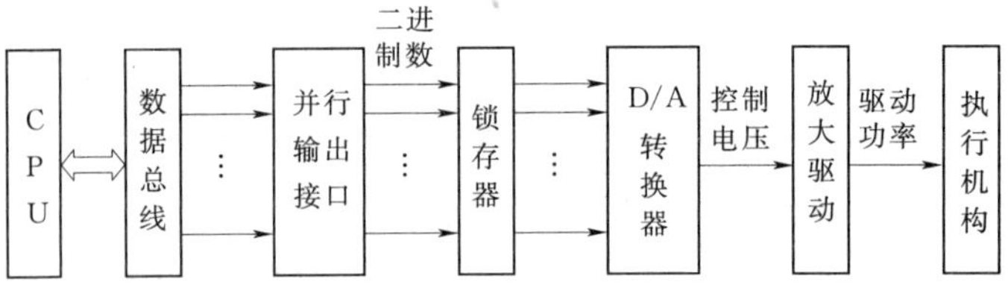

图 3.4　模拟量输出电路组成

3.3.3　数字量的输入通道

数字量输入回路比模拟量回路简单。有些表计能直接以二进制数码输出结果，如数字水位计、数字频率计等。这些数字量只需经必要的电平匹配和隔离等环节即可经并行接口输入数据总线，而不必进行 A/D 转换。电力系统中的状态量也属于数字量，仅有一位而已。

电力系统运行中，断路器的合闸或跳闸直接改变了电力网络结构和相应的数学模型，改变了系统的运行方式和潮流分布，对调度和运行人员是极为重要的信息。此外，重要的隔离开关的位置状态、继电保护和自动装置的工作状态等也都是比较重要的信息。采集这些开关量信息也被称为遥信。这些信息有着共同的特点：可以用二进制码元“1”来表示闭合或动作，用“0”来表示断开或未动作。对于监控馈线上的一个开关来说，所需采集的数字量输入主要为开关位置信号、弹簧储能信号、接地开关信号、工作电源的失电信号等，因而每条馈线提供 6～8 个数字量输入已能满足要求了。馈线终端单元内部使用的工作电源一般是 DC24V 或 DC48V，数字量输入回路使用的电源一般也采用 DC24V 或 DC48V。设计数字量输入回路时，最主要的问题是触点防抖问题。数字量输入回路还有一个遥信自检问题。由于许多馈线终端单元安装在户外甚至电线杆上，检修维护极为不便，设计时最好能考虑到遥信量自检功能。

3.3.4 数字量的输出通道

数字量输出回路是馈线终端单元的执行接El，其安全可靠的工作对馈线终端单元至关重要。数字量输出从软件和硬件设计都应考虑为顺序逻辑控制出口，以保证动作的可靠性。遥控输出宜提供相应的返校回路，由于机械执行机构需要一定时间才能完成一次分或合操作，提供返校通道能保证在错误的遥控命令已发出的情况下，通过返校回路还能及时发现错误命令并立即闭锁遥控出口，避免事故发生。返校回路也能保证馈线终端单元定期地对遥控回路监视，防患于未然。在遥控执行时将会在返校通道上产生由 1 到 0 的变位信号，CPU 将利用该信号与遥控命令核对，如果错误，则立即闭锁命令；如果正确，则记录遥控执行情况，以便于事后分析。

数字量输出回路设计的另一个问题是触点容量问题。一般馈线终端单元提供的继电器大都是焊接在印制电路板上的继电器，它的特点是体积小、动作速度快、驱动电流小，但是触点容量也有限，一般为 5A、AC250V 或 5A、DC30V。这个容量对某些开关操作可能还不够，因此往往需要在馈线终端单元箱体内部提供跳闸、合闸重动继电器一对。设置重动继电器还能够在机构故障时起保护馈线终端单元的作用。

3.4 RTU 的数据处理

3.4.1 模拟量的采样离散化

馈线终端单元模拟量采集的首要环节是对输入的模拟信号进行采样离散化，以获得用数字量表示的离散时间序列。先把时间的连续信号按一定的时间间隔变换成离散信号，称为时间取样量化的采样保持过程；然后逐一将这些离散信号电平转换为二进制数表示的数字量，称为幅度取样量化的 A/D 转换过程。

相邻两个采样时刻的时间间隔称为采样周期，通常用 T_S 来表示。采样周期 T_S 的倒数 $f_S=1/T_S$ 称为采样频率。采样保持器每隔 T_S 采样一次（定时采样）输入模拟信号戈 (t) 的即时幅度，并把它存放在保持电路里面供 A/D 转换器使用。经过采样以后的信号称为离散信号 $x_s(t)$，可表示为

$$x_s(t)=x(nT_S),n=1,2,3,\cdots \tag{4.1}$$

采样保持过程如图 3.5 所示。开关每隔 T_S 短暂闭合一次，实现一次采样。如果开关每次闭合的时间为 τ，那么采样保持器的输出将是一串重复周期为 T_S、宽度为 τ 的脉冲，在 τ 时间内脉冲的幅度保持不变。显然，可以把采样过程看作是脉冲调幅过程。被调制的脉冲载波，是一串周期为 T_S、宽度为 τ 的矩形脉冲信号，用 $s(t)$ 表示，而调制信号就是输入的连续信号 $x(t)$，则

$$x_s(t)=x(t)s(t) \tag{4.2}$$

3.4.2 A/D 转换

A/D 转换器是一种译码电路，它将输入模拟信号与模拟基准量进行比较，经过译码电路转换为数字量输出。

采样保持器和 A/D 转换器功能一般集成在一个芯片中，称为 A/D 转换芯片。有的 CPU 本身就集成有采样保持器和 A/D 转换器，若没有，则需要扩展一片 A/D 转换芯片。

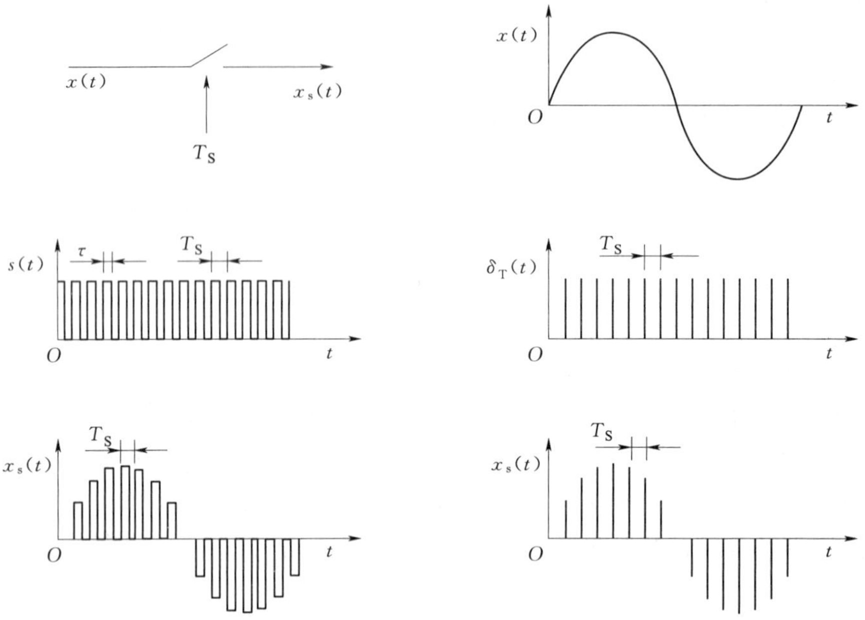

图 3.5　采样保持过程

A/D 转换芯片与 CPU 间的接口有串行和并行两种。

A/D 转换器的主要技术指标有：

(1) 分辨率。A/D 转换时，A/D 转换器对模拟输入量的辨别能力称为分辨率。分辨率通常用二进制数字量的位数 n 来表示。例如，12 位、16 位 A/D 转换器的分辨率分别是 12 和 16，它表明了 A/D 转换器能对其满量程的 2^{-n} 的变化量作出反应。若 12 位 A/D 转换器的满量程为 ±5V，其 $n=12$ 为 $10V\times 2^{-n}=0.0024V$。如果输入电压的变化量比 0.0024V 还小，则 A/D 转换器将无法分辨。

(2) 输入模拟量的极性。它指 A/D 转换器要求输入信号是单极性或双极性电压。目前，绝大多数的 A/D 转换器要求是单极性输入，对于双极性的模拟输入信号，可采用相应的转换电路将其变换成单极性信号，或者采用双极性的 A/D 转换器。

(3) 量程。它指 A/D 转换器输入模拟电压的范围，如 0～+5V，0～+10V，−5～+5V 等。

(4) 精度。A/D 转换器的转换精度有绝对精度和相对精度两种表示方法。通常用数字量的位数表示绝对精度单位，如精度是最低位的 1/2 位即 ±1/2LSB；而用百分比表示满量程的相对精度，如 0.05%。

(5) 转换时间。它指 A/D 转换器完成一次将模拟量转换为数字量的过程所需要的时间。目前，馈线终端单元中 A/D 转换器的转换时间仅数微秒。

3.4.3　标度变换

在被控系统中有各种不同的遥测量（电压、电流、功率、电能等），它们的数值不同，量纲相异，但是经过相应的变送器（电压互感器、电流互感器、电量变送器等）后，即变成统一的 0～5V 直流模拟电压送入远动装置，经过 A/D 转换器，变换成几位二进制数，当各遥测量均为其最大额定值时，A/D 转换器转换所得的满量程值就都是相同的全“1”码，然而工作人员需要知道的却是其实际物理量的大小。例如，某被测模拟量——电压的满量程值为 30kV，经电压变送器和转换精度为 12 位整数的 A/D 转换器转换后输出的数码为 111111111111B，即 12 位 A/D 转换的最大值，将其转换为十进制为 4095D，根据 A/D 转换器的线性关系有，当电压从 0～30kV 变动时，A/D 转换器的输出就从 0～4095 变动，两者呈线性关系，但数值不同，差一比例系数 K，实际的电压值应该是 A/D 转换后输出的值乘以比例系数后的值。乘系数的过程称为标度变换，这个系数也称为标度变换系数。一般来讲若被测量的实际值为 S，A/D 转换后的值为 D，标度变换系数为 K，则 $K=S/D$。比如上例中的 $K=30/4095$。

为了解决用什么方法才能将遥测量的绝对值显示出来的问题，并能在接收端用同一数码显示器显示不同的遥测量值，就要乘以不同的标度变换系数。远动系统中对各种遥测量都有相应的标度变换系数，这些系数事先都已确定并存放在内存中的遥测数据区，需要时可以调用。

3.5 配电变电站中的 RTU 需考虑的问题

3.5.1 环境温度对 RTU 的影响

配电变电站大多未设计空调或取暖措施，因此直接采用输电网自动化所采用的 RTU 在严冬会出现启动困难的现象。大多数 RTU 是采用民用品级芯片构成的，一般在 0～+55℃能够正常工作，但在我国的许多地区，冬季配电变电站内的室温甚至能降到－15℃以下，造成设备工作不良，主要表现为启动困难。为了解决低温启动问题，国外制造厂家不得不在关键环节采用工业品级芯片，这样大大增加了制造成本。

另一解决途径是采用环境机箱，即通过 PTC 元件加热，使机箱的温度达到设备工作要求。采用 PTC 加热元件和抽风风扇配合，还可以降低设备的湿度，达到除湿和阻止凝露的作用，如远征电子技术研究所生产的 ETS－H 型电子恒温（湿）控制器和 SDK－NL 凝露控制器，可以直接安装于 RTU、环网柜、箱式变和开关柜等当中，使用非常方便。但是 PTC 在停电恢复时为将机箱加热到所需温度往往需要较长的时间，这会对配电自动化系统产生较明显的影响。

3.5.2 小接地电流选线装置

对于出线较多的配电变电所，应当加装小电流接地选线装置，以便及时发现单相接地的线路，并采取措施。为了能够在远方获得选线结果，应将小电流接地选线装置和 RTU 接口，一般制造厂家为此提供了两种接口方式：一种方式是通过提供一组继电器触点，作为一般遥信接入；另一种是采用 RS－485 串行或 RS－232 通信串口方式接入。

3.6 变电站综合自动化系统

3.6.1 变电站综合自动化系统概述

变电站综合自动化系统是指通过执行规定功能来实现某一给定目标的一些相互关联单

元的组合。

变电站综合自动化系统是利用先进的计算机技术、现代电子技术、通信技术和信息处理技术等实现对变电站二次设备（包括继电保护、控制、测量、信号、故障录波、自动装置及远动装置等）的功能进行重新组合、优化设计，对变电站全部设备的运行情况执行监视、测量、控制和协调的一种综合性的自动化系统。通过变电站综合自动化系统内各设备间相互交换信息、数据共享，完成变电站运行监视和控制任务。变电站综合自动化替代了变电站常规二次设备，简化了变电站二次接线。变电站综合自动化是提高变电站安全稳定运行水平、降低运行维护成本、提高经济效益、向用户提供高质量电能的一项重要技术措施。

3.6.2　变电站综合自动化系统的发展历程

早期的变电站监控系统是由安装在大控制室内的各类仪表、中央信号屏及某些单项的自动化装置（包括各种继电保护装置、自动重合闸装置、变送器、RTU 及其当地功能设备组成的远动系统设备）组成，它需要大量的电缆从开关现场将 TV/I、A、跳合闸线圈以及各种位置信号触点一一对应地连到上述各类装置。因此其存在占地面积大，可靠性不高，安装、调试工作量大，维护工作量大，不利于提高运行管理水平和自动化水平等缺点。

随着集成电路、微计算机、通信和网络等高科技技术的不断发展，微机保护、微机监控装置被广泛采用并不断发展，变电站综合自动化系统也从传统的单项自动化向综合自动化方向过渡，其体系结构不断发生变化，性能和功能以及可靠性等也不断提高。当前“变电站自动化”是将变电站中的微机保护、微机监控等装置通过计算机网络和现代通信技术集成为一体化的综合自动化系统。

3.6.3　变电站综合自动化系统的结构

从国内外变电站综合自动化系统的发展过程来看，其结构形式有集中式、分层分布式集中组屏、分层分散式等几种。

1. 集中式

集中式的综合自动化系统，是集中采集变电站的模拟量、开关量和数字量等信息，集中进行计算与处理，再分别完成微机监控、微机保护和一些自动控制等功能。集中式结构不是指由一台计算机完成保护、监控等全部功能。集中式结构的微机保护、微机监控和与调度通信的功能可以由不同计算机完成的，只是每台微计算机承担的任务多些。我国变电站综合自动化研究初期也是以集中式结构为主导。

这种集中式的结构是根据变电站的规模，配置相应容量的集中式保护装置和监控主机及数据采集系统，将它们安装在变电站中央控制室内，如图 3.6 所示。

主变压器和各进出线及站内所有电气设备的运行状态，通过 TA、TV 经电缆传送到中央控制室的保护装置和监控主机（或远动装置）。继电保护动作信息往往是取保护装置的信号继电器的辅助触点，通过电缆送给监控主机（或远动装置）。

这种集中式结构系统造价低，且其结构紧凑、体积小，可大大减少占地面积。其缺点是软件复杂，修改工作量很大，系统调试麻烦；且每台计算机的功能较集中，如果一台计算机出故障，影响面大，因此必须采用双机并联运行的结构才能提高可靠性。另外，该结

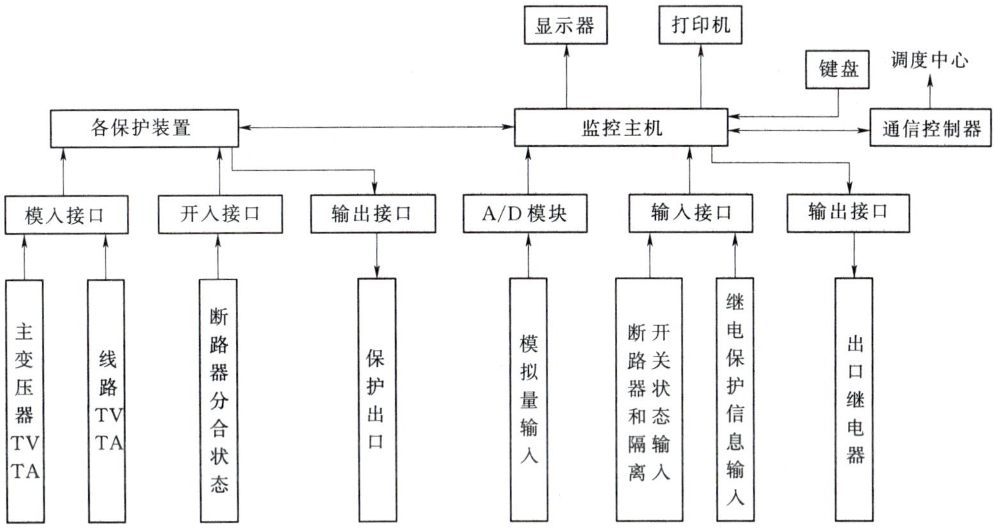

图 3.6 集中式结构的变电站综合自动化系统

构组态不灵活，对不同主接线或规模不同的变电站，软、硬件都必须另行设计，二次开发的工作量很大，因此影响了批量生产，不利于推广。

2. 分层分布式集中组屏

分层分布式集中组屏的结构是按其功能不同，把整套综合自动化系统组装成多个屏，这种结构形式简称为“分布集中式结构”，其结构图如图 3.7 所示。

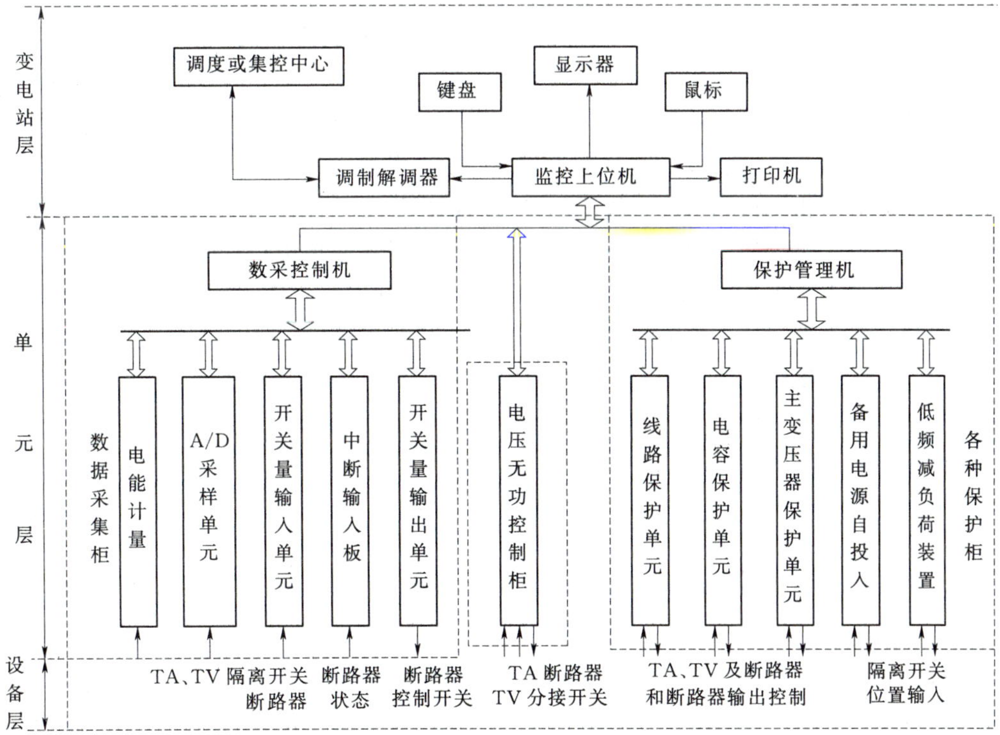

图 3.7 分布集中组屏的变电站综合自动化系统

分层分布式多CPU的体系结构的每一层完成不同的功能，每一层由不同的设备或不同的子系统组成。一般整个变电站的一、二次设备可分为三层，即变电站层、单元层（或间隔层）和设备层。变电站综合自动化系统主要位于单元层和变电站层。

设备层是指变电站内的变压器和断路器、隔离开关及其辅助触点，电流、电压互感器等一次设备。

单元层一般按断路器间隔划分，包括测量、控制部件或继电保护部件。测量、控制部件负责该单元的测量、监视、断路器的操作控制和连锁及事件顺序记录等；保护部件负责该单元线路或变压器或电容器的保护、故障记录等。因此，单元层本身就是由各种不同的单元装置组成的。在与变电站层通信时，可以通过局域网络或串行总线将单元层的各单元装置与变电站层直接联系起来，也可以增设数据采集管理机或者保护管理机，分别管理各测量、监视单元和各保护单元，然后再由数据采集管理机和保护管理机集中与变电站层通信。单元层的设备最好安装于靠近现场设备，以减少控制电缆长度。

变电站层包括全站性的监控主机、远动通信机等。变电站层设现场总线或局域网，供各主机之间和监控主机与单元层交换信息。监控主机在无人值班的变电站，主要负责与调度中心通信，使变电站综合自动化系统具有RTU的功能，完成四遥等任务。在有人值班的变电站，监控主机除了仍负责与调度中心通信外，还负责人机联系，完成当地显示、制表打印、开关操作等功能。变电站层的有关自动化设备一般安装于控制室。

分层分布式集中组屏结构有如下优点：

（1）采用分层管理的模式。即由保护管理机和数采控制机作为第二层管理机，协助监控主机承担对相应单元层的管理，减轻监控主机的负担。

（2）分布式的配置。即单元层采用按功能划分的分布式多CPU系统，各功能单元分别由一智能模块组成，各功能模块都由独立的电源供电，输入输出回路也相互独立，因此任何一个模块故障、都只影响局部功能，不会影响全局，且各功能模块都是面向对象设计的，软件结构较集中式的简单，调试维护方便，组态灵活，系统整体可靠性高。

（3）继电保护相对独立。其功能不依赖于通信网络或其他设备，通过通信网络和保护管理机传输的只是保护动作的信息或记录数据，可满足继电保护装置的可靠性要求。

（4）具有和系统控制中心通信的能力。综合自动化系统本身已具有对模拟量、开关量、电能脉冲量进行数据采集和数据处理的功能，还收集继电保护动作信息、事件顺序记录等，因此不必另设独立的RTU的装置，不必为调度中心单独采集信息。综合自动化系统采集的信息可以直接传送给调度中心，同时也可以接受调度中心下达的控制、操作命令和在线修改保护定值命令。

（5）采用集中组屏结构，屏全部安放在控制室内，工作环境较好，电磁干扰比放于开关柜附近弱，管理维护方便。

分布集中式结构的主要缺点是安装时需要的控制电缆相对较多，电缆投资较高。

3. 分层分散式

分布集中式的结构，虽具备分层分布式、模块化结构的优点，但因为采用集中组屏结构，因此需要较多的电缆。随着单片机技术和通信技术的发展，可以考虑按每个电网元件为对象，集测量、保护、控制为一体，设计在同一机箱中，对于6～35kV的配电线路，这样一体化的保护、测量、控制单元可就地分散安装在各开关柜内，构成智能化开关柜，然后通过光纤或电缆网络与监控主机通信，这就是分散式结构。其框图如图 3.8 所示。对于高压线路保护和变压器保护装置，考虑到环境等因素，仍可采用组屏安装在控制室内。这是当前综合自动化系统的主要结构形式也是今后的发展方向。

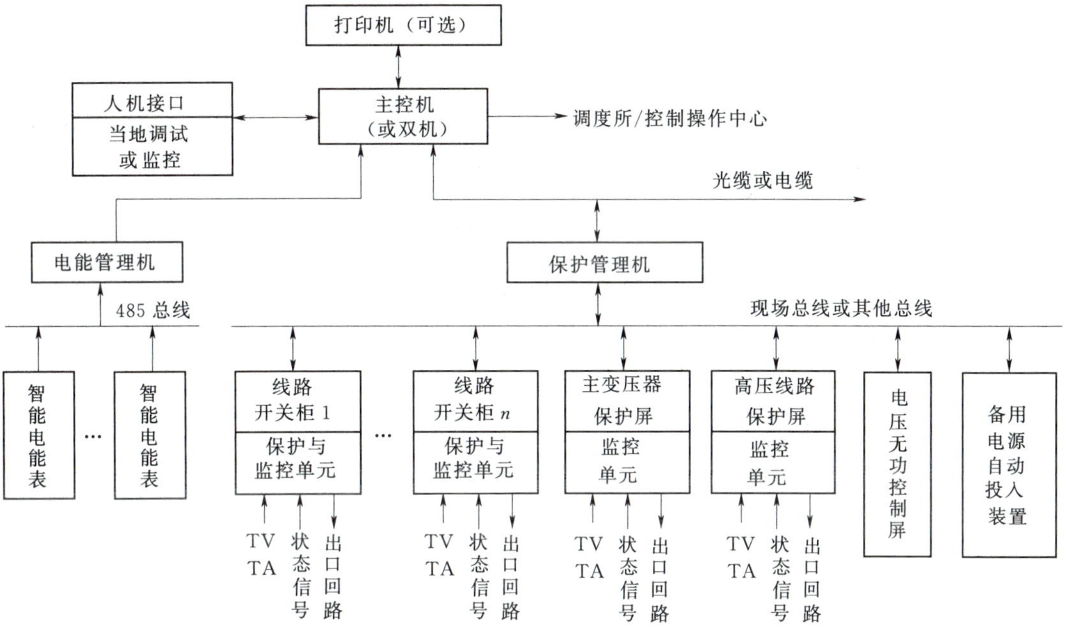

图 3.8 分层分散式变电站综合自动化系统

分散式结构是一个地理上的概念，有两层含义：第一层是对于中低压变电站而言，要求把低压出线间隔上面的测控与保护单元分散安装在一次开关柜内，而不是采用集中组屏方式放在中控室内；第二层含义是对于高压、超高压变电站，则要求采用分散式小室的结构布局，尽量靠近一次设备，缩小中控室的土建面积和规模。分散式结构还有一个比较明确的概念，就是在物理上它是一个单元对应一条出线或一个元件（主变压器、电容器、电抗器等），所以各单元必须具有独立的硬件结构，即独立完整的外壳、电源、CPU、输入输出端子等。这样的结构，一条出线发生故障不会影响到其他出线，对提高变电站运行的可靠性至关重要。

图 3.8 所示的系统中，10～35kV 馈线保护采用的是分散式结构，就地安装（实现开关柜智能化），节约控制电缆，通过现场总线与保护管理机通信；而高压线路保护和变压器保护还是采用集中组屏分散小室的结构，安装在尽量靠近一次设备的控制室或保护室中同样通过现场总线与保护管理机通信，这些重要的保护装置处于比较好的工作环境，对可靠性较为有利；其他自动装置，如备用电源自投控制装置和电压、无功综合控制装置也采用集中组屏结构，安装于控制室或保护室中；采用智能电能表作为电能采集装置。

分层分散式结构的变电站综合自动化系统有以下优点：

(1) 简化了变电站二次部分的配置及二次设备之间的互连线，节省了占地面积和二次电缆用量。

(2) 减少了设备安装、调试的工程量。智能化开关柜的保护和测控单元在开关柜出厂前已由厂家安装和调试完毕，再加上敷设电缆的数量大大减少，因此现场施工、安装和调试的工期都随之缩短。

(3) 分散式结构可靠性高，有利于扩展，检修方便。由于分散安装，减小了 TA 的负担。但是分散式结构也给制造厂家提出了更高的要求，即在技术上要解决如下问题：①抗振动冲击；②抗强电磁干扰；③较高的环境适宜性。

上述各类变电站自动化系统的推出，由于技术的发展，虽有时间先后，但并不存在前后替代的情况，可根据变电站的实际情况，选配各类系统。集中式变电站自动化系统可用于已建变电站的自动化改造，而分散式变电站自动化系统更适用于新建变电站。

习题与思考题

3-1　RTU 的模拟量输入可采用哪两种采样方式？有何区别？

3-2　采样保持器和锁存器在模拟量输入输出回路的作用是什么？

3-3　RTU 的数字量输入回路应考虑的问题有哪些？

3-4　试比较三种变电站综合自动化系统的结构及特点。

3-5　变电站自动化系统（或站内终端 RTU）需具有的功能有哪些？

第4章 馈线自动化

4.1 概述

馈线自动化是馈电线路自动化的简称（Feeder Automation，FA），根据IEEE（国际电气电子工程师协会）对配电自动化的定义，馈线自动化系统是对配电线路上的设备运行远方实时监视、协调及控制的一个集成系统，是配电自动化的重要组成部分之一，也是提高电网可靠性的关键技术之一。

4.1.1 馈线自动化技术的发展

1. 采用接地故障探测仪进行故障定位

有一种接地故障探测仪，是采用电子技术和感应接收高频电磁场的原理，可帮助巡线人员在不停电状态下，迅速判定故障分支并准确找到故障点。

中性点非直接接地系统发生单相接地故障时，从接地点流过全系统非故障相的对地电容电流，其方向是从接地点流向母线。改接地电流含有大量高次谐波，通过检测接地电流中的高次谐波电磁场，即可跟踪线路接地电流路径，快速、准确地找到故障点。

具体方法是：手持探测仪站在欲探测的架空线下，使仪器既与线路走向垂直，又与地面平行。打开电源开关，选一测量频率和量程，待显示数稳定后，直接读数。

2. 采用短路故障指示器定位故障

故障指示器是利用电磁原理，依照指示牌转动位置的变化或者颜色的变化或灯光的闪动来指示故障的发生。这些指示器动作后，可以依靠人工手动复位或经过延时后自动复位，有些则是利用线路恢复正常后通过负荷电流来自动复位。

短路故障指示器的功能与特点如下：

（1）在线运行。直接安装在电力线路上，可长期户外带电运行，不需人力维护。

（2）故障指示。线路正常运行时，窗口呈白色；线路发生短路故障时窗口转呈红色，并在线路无电期间记忆保持红色状态。

（3）自动复位。线路恢复正常供电后自动延时（30min或1h）复位，窗口由红色自动转为白色。

3. 实现自动化的故障定位

在配电网中，广泛采用安装在户外馈电线路上的柱上开关、无功补偿电容器等设备，以提高供电的质量、可靠性及其灵活性。这些早期设备的自动化程度低，一般都是人工操作控制。随着现代电子技术的进步，人们开始研究如何应用计算机及通信技术对这些线路上的设备实现远方实时监视、协调及控制，这样就产生了馈线自动化技术。

故障定位、隔离和自动恢复供电时馈电线路自动化中的一个独特功能。据报道，使用这种系统，可将传统上平均为4h的停电时间缩短到2min。但由于配电网馈电线路实在量大、面广，投资巨大，即便最先进的国家也不可能全部装上这种系统，而仅用于故障概率较大或对供电可靠性要求较高的场合。

4.1.2 馈线自动化的作用和功能

馈线自动化的具有以下作用：①正常运行时检测线路状态，如电流电压、开关状态及进行相关操作；②当线路发生故障时，能准确确定故障所在线路，跳开故障线路开关，使故障线路被隔离，并恢复非故障线路的供电；③通过网络重构实现负荷控制和降低网络损耗。

馈线自动化的基本功能包括以下几个方面：

1. 数据采集与监控（配电 SCADA）

数据采集与监控就是通常所说的远动或四摇（通信、遥测、遥控、遥调）功能。由站内 RTU 完成馈线开关数据的采集和监视。线路上各环网开关、负荷开关、街坊配电站数据的采集和监控由安装在各环网开关、负荷开关、街坊配电站的馈线远方终端（FTU）来完成。采集线路上环网开关（负荷开关）等设备正常运行时各回路的电流和开关位置信号，以及现场设备的监视信号等。如10kV馈线柱上开关处的电流、电压等。

对状态的监控主要分为正常状态监控和事故状态监控两个方面。正常状态监测的主要内容包括电压、电流、有功、无功、功率因数、电压谐波和电流谐波，既要求检测量是实时的，也要求存储一定时间段的监测结果，因此这种监测装置一般都采用微处理机技术，价格较高。

2. 故障定位、隔离及自动恢复供电

故障定位、隔离及自动恢复供电指线路故障（包括小电流接地故障）的定位与隔离及无故障区段供电的自动恢复。当馈线发生故障时，通过控制开关动作，能自动隔离故障区域，及时地自动恢复对非故障区域的供电。

3. 电压/无功控制

电压/无功控制指线路上无功补偿电容器组的自动投切控制及电压调节器的控制。控制器根据感性负荷的变化情况，按照事先制定好的启动值自动控制电容器组和电压调节器的投切，用以改善配网的功率因数和电压。

4. 事故告警功能

当电网状态异常变化时，如遥测量越限、设备运行异常，由事件顺序记录开关动作的先后顺序和次数、时间，记下其全过程。另外，保护盒开关动作发出声光报警信号最后归档打印。

5. 报表功能

用户按照所发生的事件类型，采用不同类型的报告格式，以时间顺序或空间位置根据需要生产和打印各种表格和报表且可以任意更改，定时打印、复制。

6. 对时功能

时钟 SOE、频率监视、定时计量和定时打印制表等方面影响很大。为了保证全网时钟统一，除网上各机与主机时钟保持一致以外，还应与 FTU 时钟保持一致。

4.1.3　馈线自动化优点

实现馈线自动化具有如下优点：

1. 减少停电时间，提高供电可靠性

据统计，故障及计划检修是造成用户停电的两个主要原因。配电网的传统结构一般采用辐射形配电方式，线路之间没有分段开关，当线路上某一处发生故障或进行线路检修时，会造成全线停电。现在城市供电网的发展方向是采用环网供电方式，并用负荷开关将线路分段，这样可以做到分段检修，避免因线路检修造成全线停电。而利用馈线自动化系统，实现线路故障区段的自动定位、隔离及健康线路的自动恢复供电，可缩小故障停电范围，减少对用户的停电时间，提高供电可靠性。

2. 提高供电质量

馈线自动化系统可以实时监视线路电压的变化，自动调节变压器输出电压或偷窃无功补偿电容器，保证用户电压符合要求。

3. 节省总体投资

为保证重要用户的供电可靠性，传统做法是由变电站直接向用户双路或多路供电，互为备用。这种方式设备利用率低，需要的线路较多，尤其是电力电缆投资很大。而实施馈线自动化，合理安排网络结构，在给用户供电的线路故障退出运行后，通过操作联络开关，由其他的健康线路供电。故在保证可靠性的前提下，与传统做法相比较，馈线自动化可充分发挥设备的潜力，显著地节省了在线路上的投资。

4. 减少电网运行与检修费用

馈线自动化系统对配电线路及设备运行状态进行实时监视，为实现设备的及时检修创造了条件，这样除了可以减少不必要的停电时间外，也减少了检修费用，利用馈线自动化提供的数据与资料，可以及时确定线路故障点及原因，缩短故障修复时间，节省修复费用。

4.1.4　馈线自动化系统的模式

目前馈线自动化大致可分为以下三种模式：

1. 简易模式

简易模式是指在配电线上必要的节点处装设故障指示器，这是一种投资少、见效快的简易模式。实用的故障指示器，是当地显示自动复位或简单的手动复位，巡线人员需要到现场查看并判断故障区段。国外研制过带有远方报告的故障指示器，但它需要通信通道且价格很高。故障区段区分精度与装设故障指示器的台数成正比。运行经验表明，在由电缆与架空线混合组成的馈线中，电缆故障或者高压用户内部故障波及电网时，故障寻找麻烦且费时。一旦在关键点上装设故障指示器，则变得较为容易。

2. 基于重合器模式

基于重合器模式是以每一条馈线为单元的就地控制模式。在本线上自动实施故障检测、隔离及恢复供电的功能，不设专用通道，无需远方集控中心干预。典型的方式是以重合器、分段器与自动负荷开关组成系统并配以自动装置，利用故障时工频量变化特点传送信息，形成逻辑动作。改模式有故障电流计数型（FAULT CURRENT COUNTING），简称电流型，电压-时限型（VOLTAGE - TIME），简称电压型。其优点是动作速度比较快

(约为几十秒)。可以在局部线路上先期实施，无需等待统一控制系统的形成，同时可以防止由于集控中心系统故障带来的大面积瘫痪，可靠性高。但是电流型的缺点是因要通过多次试合寻找区段，给系统带来多余的故障冲击。这一点对于我国现有设备水平是一个较为突出的威胁。尤其是主变压器稳定不过关的情况下更加危险，不宜采用，且对负荷开关的关合短路能力（电流值及次数）要求很高。电压型的缺点是要通过一次试合寻找故障区段，虽然可以防止多余的故障冲击，但对负荷开关的关合短路能力（电流值及次数）仍要求很高，与电流型相同。

3. 基于远方终端FTU模式

在馈线监控点安装杆上远方终端（FTU）。通过通道与集控中心相连，进行双向通信，可以实现遥测、遥信、遥控，在国外这是当前最为流行的模式。它的优点是为全面实现配电自动化创造了最为基本的条件，自动化程度高。但这种模式对通信通道的依赖性很强，要解决从集控中心与总舵配电监控点之间的可靠通信。虽然无线电、公用电话网、专用有线通道、光纤通道、电力线载波通道都可采用，但都存在各自的问题，如受环境等外界因数影响、投资太高、可靠性不够、通信速率和容量不足等问题，因此要合理选用。

4.2 重合器

重合器（Recloser）是一种本身具有控制器，能在不同的线路条件下按照设定的程序自动进行开断或重合操作，并在其后自动复位或闭锁的高度智能化的开关设备。该产品使用安全可靠，功能齐全，操作方便，免维护、免检修，经济实用。

4.2.1 重合器的特点及应用范围

1. 重合器的特点

(1) 重合器内不设高压包。重合器控制装置的电源由外设交流220V电源供电，这样就彻底消除因重合器内部高压包烧坏而引起的重合器爆炸事故。

(2) 重合器操作简便。自动重合、闭锁次数用户可任选自调，一旦整定，无需人力过多干预，对永久性故障自动闭锁，减少对故障点的冲击，防止故障扩大，把故障限制在最小范围。

(3) 重合器功能齐全，安装灵活。重合器采用积木式结构，控制装置具有自动化程度高，抗干扰能力强，安全可靠，整定方便等特点。有各类规格、型号的功能模块，可根据用户实际要求进行模块组合，能满足不同用户的技术要求；安装组合也有很多方式满足不同用户的实际需要。

(4) 不需检修、保养。SF_6 重合器，由于 SF_6 气体具有优越的绝缘与灭弧性能，电寿命和不检修周期长。而真空重合器的真空灭弧室由于高度真空中的快速扩散现象，使其具有卓越的开断性能，适用于重负载电流的开断。所以重合器不需保养，不需检修而能够安全可靠地运行。

2. 重合器应用范围

(1) 用语变电所的10kV出线处，作为10kV馈线分、合负荷电流、过载电流及短路电流之用，取代10kV高压断路器，但无需附加继电保护屏、控制屏和直流屏，减少综合投资，提高自动化程度，可实现无人值班。

（2）用于10kV配电系统干线、分支线及环网线路上，取代一般断路器，集开关、保护、控制为一体，高度智能化，提高自动化程度，也可实现双回路及多回路制动重合器环网供电，对于长线路可实现分段延时供电。重合器装有四遥接口，便于实现城网自动化；也可实现近距离现场遥控，方便操作，减轻检修、操作人员的工作量。

（3）用于油田、矿山10kV配电线路，能实现延时合闸送电及峰谷差自动停送电，并能设置密码防止盗电。

工矿企业10kV开闭所取代10kV高压开关柜，并能实现双回路自动停送电。

4.2.2 重合器参数、分类、主保护及功能

1. 重合器产品型号、含义和参数

（1）六氟化硫自动重合器。

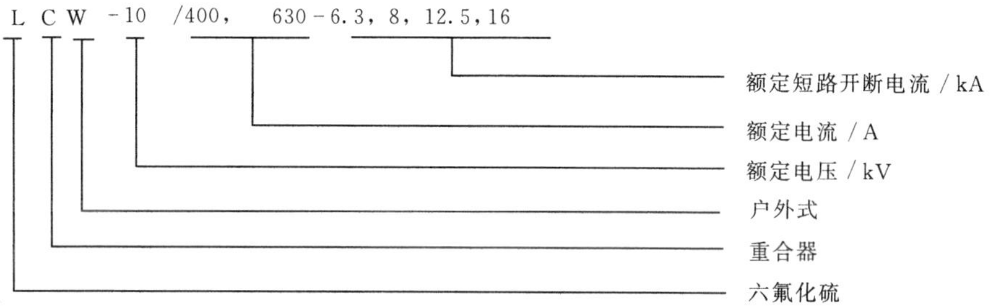

（2）真空自动重合器。

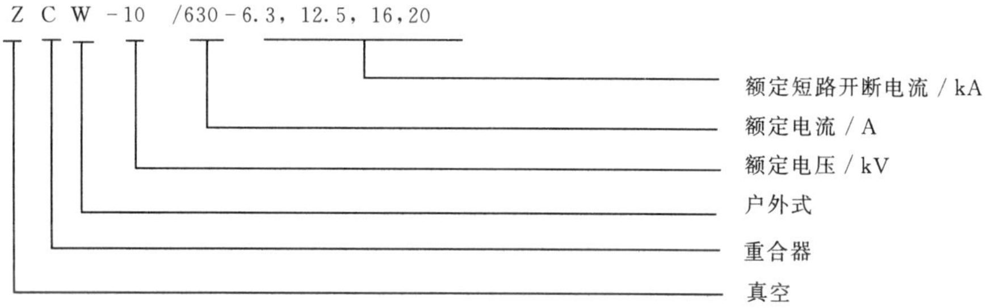

（3）重合器主要技术参数。

重合器主要技术参数见表4.1。

表4.1　　重合器的主要技术参数

名　　称	六氟化硫重合器	真空重合器
额定电压/kV	10	10
最高工作电压/kV	11.5	11.5
额定电流/A	400，630	630
额定短路开断电流/kA	6.3，8，12.5，16	6.3，12.5，16，20
额定短路电流开断次数/次	30	30
电流互感器变比	200/5，300/5 400/5，600/5	200/5，300/5 400/5，600/5
工频耐受电压/kV	42	42

续表

名　称	六氟化硫重合器	真空重合器
冲击耐受电压/kV	75	75
机构型式	弹簧储能机构、电磁机构	弹簧储能机构、电磁机构
机械寿命/次	10000	10000
脱扣电压/V	220V/AC，220V/DC	220V/AC，220V/DC
指控装置外施电压/V	220V/AC	220V/AC
额定电流输入/A	5	5
反时限曲线/条	16（可选）	16（可选）
定时限启动电流/A	1.5～5（可调）	1.5～5（可调）
重合闸动作闭锁次数/次	1～3（任意可调）	1～3（任意可调）
重合时间/s	0～600（可调）	0～600（可调）
复位时间/s	0～600（可调）	0～600（可调）
固有合闸时间/s	≤0.06	≤0.1
固有分闸时间/s	≤0.04	≤0.06

2. 重合器分类

重合器可按控制、保护方式、使用灭弧介质进行分类：

（1）按灭弧介质分类。

- 自动重合器
  - 真空重合器
    - 真空自动重合器（注油型）
    - 真空自动重合器（不注油型）
  - 六氟化硫自动重合器
- → 电动机构 / 电磁机构

（2）按控制、保护原理分类。

- 自动重合器
  - 电压型重合器—失压保护—失压自动跳闸—延时自动重合—自动复位—自动闭锁
  - 电流型重合器
    - 反时限保护—小电流保护—低周减载保护
    - 定时限保护—过流保护—速断保护—小电流接地保护—低周减载保护
    - → 重合次数可调 / 重合时间可调
- → 就地操作 / 远方操作（遥合）（遥跳）（遥测）（遥信）

3. 重合器的主要保护及功能

（1）电流型重合器主要保护及功能。

1）电流型重合器主保护。

a. 定时限过流、速断保护。三相式延时过流、速断保护。重合器本体内 A、C 两相各装一组 TA，B 相电流由 A、C 两相合成，也可以增加一组 TA。

过流保护整定范围：　　　　　　　　　　$I=0\sim90\text{A}$

过流动作时间整定范围：　　　　　　　　$T=0\sim900\text{s}$

速断保护整定范围：　　　　　　　　　　$I=0\sim90\text{A}$

速断时间：　　　　　　　　　　　　　　$I=0\text{s}$

b. 反时限过流保护。反时限过流保护按重合器安秒特性曲线，根据电流和时间曲线可供选择。

c. 过压保护。当变电所电容器组电压过高，过压保护可发预告信号，延时自动跳闸，变电所补偿退出。

d. 欠压保护。当变电所电容器电压偏低，重合器延时自动重合，电容补偿投入。

e. 零序电流保护。线路小电流接地，零序电流保护可预告信号，延时自动跳闸（根据要求自选）。

f. 低周减载。频率整定范围：$I=45\sim49\text{Hz}$；延时时间：$T=0\sim900\text{s}$

2）电流型重合器主要功能。

a. 自动重合。当重合器保护动作，重合器能自动延时重合。重合器重合次数，一至三次可调。即一重二闭锁，二重三闭锁，三重四闭锁。

重合延时时间：$T=0\sim600\text{s}$。

b. 自动复位。瞬时故障重合成功自动复位，复位时间：$T=0\sim600\text{s}$。

c. 自动闭锁。永久性故障自动闭锁，闭锁时间：$T=0\sim600\text{s}$。

d. 远动操作。重合器备有 RTU 远动接口，可实现遥合、遥跳、遥信、遥测，便于与城网自动化配合，实现城网自动化。

e. 现场操作。手动电动合闸、跳闸，手动机械合闸、跳闸。

（2）电压型重合器主要保护及功能。

1）失压自动跳闸。当线路失压或系统低电压时，重合器自动跳闸。

2）延时自动重合。当重合电源测线路有电时延时自动重合。延时时间：$T=0\sim900\text{s}$。

3）自动复位。瞬时故障重合成功自动复位，复位时间：$T=0\sim600\text{s}$。

4）自动闭锁。永久性故障自动闭锁，闭锁时间：$T-0\sim600\text{s}$。

5）远动操作。可实现遥合、遥跳、遥信、遥测，便于与城网自动化配合，实现城网自动化。

6）现场操作。手动电动合闸、跳闸，手动机械合闸、跳闸。

4.2.3 重合器控制器、安装方式及操作步骤

1. 重合器控制器组成及特点

（1）重合器控制器组成。重合器控制器采用电子计算机控制，预留四遥接口，便于实现城网调度自动化，还可实现近距离现场遥控。在保护方面，配有过流保护、速断保护、零序电流保护、低周减载等多种保护功能模块，可以根据用户实际要求进行模块组合，能满足给类用户的需要。

（2）重合器控制器特点。

1）电流型重合器特点：电流型重合器具有过流、速断、小电流接地、低周减载等保护功能，参数可调。便于同高压开关和电网系统配合。

2）电压型重合器特点：电压型重合器具有失压自动跳闸，能充分发挥变电所高压开关柜的作用，便于同高压开关配合，对故障段隔离准确度100%。重合器自动感应系统，在环网供电线路中应用，故障点相邻重合器同时闭锁、隔离，对永久性故障点只冲击一次，减少对故障的冲击，防止故障扩大，把故障限制在最小范围。

2. 重合器控制器安装方式

（1）室外就地安装。安装在断路器下面的水泥杆上，单杆安装、双杆安装视用户要求而定。

（2）集控台式安装。室内集中安控制，交流部分、电度计量部分、重合器控制部分全部安装在集控台内。

（3）集控屏式安装。安装在集控屏内，室内集控操作，组成三屏（重合器屏、交流屏、电度计量屏）。

（4）10kV配电线路安装。可安装在电杆上，并配有专用电源TV给重合器供交流220V电源。

重合器与断路器的关系见表4.2。

表4.2　　重合器与断路器对比

项目	重　合　器	断　路　器
结构	灭弧室、操动机构、控制系统和高压合闸线圈组成	灭弧室和操动机构
功能	故障识别，断开故障电流，多次重合，分闸闭锁	断开故障电流以及电路的分合闸操作
动作方式	自身具有检测故障电流功能，自动分闸，再次重合，无需通信通道和接受命令	只能接受保护动作分闸和控制室遥控命令分合闸
开断特点	具有双时限和双时性开断特性	开断、重合均由控制保护系统决定
安装地点	可以安装在变电站内，也可以安装在架空线路上	一般安装在变电站内

3. 重合器操作步骤

重合器的操作一般按照如下步骤进行：

（1）把重合器的保护功能调整开关调整到所需位置。

（2）选择开关置手动位置。

（3）接通电源。

（4）打开控制箱上的电源投入开关，当电源投入时电源指示灯亮，表示电源已接通。

（5）按下合闸开关，合闸信号灯闪，此时电动储能。储能完毕合闸信号灯停止闪光，储能信号灯亮。此时有两种可能，当合闸信号灯亮时表示已合上闸，当分闸信号灯亮时表示在分闸状态。再按合闸开关，合闸信号灯亮，合闸操作完毕。

（6）合闸操作完毕，重合器进入正常运行状态。将选择开关置自动位置，重合器进入自动运行状态。

（7）检修线路故障时或检修重合器时，必须把选择开关置手动位置，断开电源，并按安规要求做好安全措施。

4.2.4 六氟化硫重合器和 KFE 型重合器

1. 六氟化硫重合器

六氟化硫（SF_6）重合器是以 SF_6 气体为灭弧和绝缘介质的户外高压电器。

SF_6 气体具有优越的绝缘与灭弧性能，具有结构简单，灭弧和绝缘性能优异、操作功耗小、额定参数高、电寿命和不检修周期长（5～10 年），大大提高电力系统的可靠性等显著优点，在国内外，SF_6 高压电器已成为公认的发展方向。

（1）电动机储能弹簧操作机构，具有电动关合、电动开断、手动储能、手动关合、手动开断和过电流（或短路）自动脱扣开断 6 种功能，不但可以现场手动操作，还可以实现远距离控制操作。

（2）电磁操作机构，可电动关合、电动开断、手动分闸，还可以进行自动重合闸操作，不允许手动带电关合。

（3）旋弧灭弧室的灭弧原理。在重合器开断电路的过程中，动静触头刚分瞬间便产生了电弧。这一电弧很快就由静触头转移到燃弧环。在环内，由于磁场圈受电，产生与触头系统同轴的磁场，垂直于磁场的电弧部分便产生电磁运动，高速旋转起来，把被电离的气体尾流抛在后面，并在 SF_6 气体中拉长，由于旋转的电弧不断接触新鲜 SF_6 气体，释放掉热能，很快被冷却，而电离的气体又快速复合成优质 SF_6 气体，保证有效而迅速地开断高压电流，当电流过零时，便熄灭电弧。加上磁通的相位与电弧电流有 30°～60°的相位差，故在电流过零附近时，残余电荷仍维持驱动力，从而加速绝缘恢复速度，有助于熄灭电弧。

（4）重合器本体为三相共箱式结构，内部充满了 SF_6 气体。产品出厂时已调整到最佳状态，用户只要按使用要求正确使用即可。

（5）弹簧储能操动机构。可以保证重合器的合闸、分闸速度不因人的力量大小、操作技术熟练程度和合闸电源的不稳定而受影响，保证重合器在线路短路状态下，具有可靠的关合性能。弹簧机构由棘轮、凸轮、合闸弹簧、分闸弹簧、手动脱扣连杆、脱扣器等部分组成。当储能手柄或者电动机驱动棘爪上、下运动时，便推动棘轮作顺时针转动，储能弹簧被逐渐拉伸，达到“死点”位置时，合闸能量即储满并保持，只有当合闸线圈受电时，合闸脱扣器动作（或手拉合闸拉环时）重合器才能合闸。在合闸的同时，电动机再次驱动棘爪上、下运动，又使合闸弹簧储能，做好重合准备。当分闸线圈接收分闸指令后（或手拉分闸拉环时），重合器在分闸弹簧作用下快速分闸；如受重合器继电器控制，则继续完成重合动作。

（6）电磁操动机构。其结构动作原理与 CD_{10} 机构相同。均由五连杆，合、分闸线圈，辅助开关等组成。

2. KFE 型重合器

KFE 型真空自动重合器是一种三相共箱式，真空开关设备，由真空灭弧室、操作机构、计数机构、分立元件的电子控制板等部分组成。

KFE 型真空自动重合器的额定工作电压为 14.4kV，连续工作允许的通过电流（即为额定电流）为 400A，对称开断短路电流为 6kA，具有 1～4 次快、慢动作特性，其动作次数可根据运行条件自行设定。

（1）真空灭弧室结构。真空重合器采用真空作为开断短路电流的灭弧介质，重合器熄弧在密封的真空中完成，爆炸性冲击大为下降，减小了触头的电磨损的重合杆件的冲击，提高操作次数，加快操作时间，延长其使用寿命；有良好的重合能力和较高的开断短路电流的能力，对通常所遇到的断口恢复电压上升率，具有快速的绝缘恢复能力；使用期内无需检修。真空灭弧室结构如图 4.1 所示。

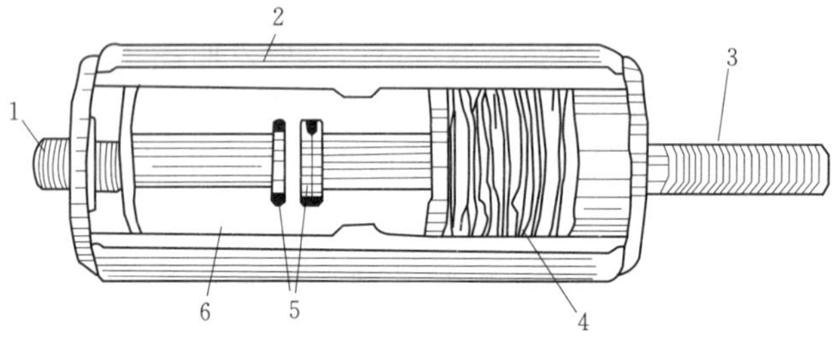

图 4.1 真空灭弧室机构图

1—静触杆；2—陶瓷外壳；3—动触杆；4—波纹管；5—触头；6—屏蔽罩

真空重合器的触头为特殊合金制造。其中，波纹管的作用是在触头分断的强烈冲击下，不致影响真空密封；触头防护罩（屏蔽罩）的作用则是防止金属蒸汽沉积到陶瓷绝缘内壁上。

（2）操动机构。操动机构动作原理图如图 4.2 所示。合闸时，当合闸接触器触头桥关合后，高压合闸线圈接至 A、C 相间电源，使衔铁向下运动，操动机构完成以下动作：重合器触头关合；合闸接触器触点分断；开断弹簧被拉长储能；合闸线圈的衔铁由闭锁栓闭锁在下降位置上，合闸线圈复位弹簧储能；低能跳闸电磁铁的衔铁被永久磁铁的磁化力所保持，使锁扣弹簧处于压缩状态。此时，已被拉长的分闸弹簧被锁扣锁住，重合器保持在合闸位置。跳闸时，跳闸电容器对低能跳闸电磁铁进行励磁，抵消了永久磁铁的磁化力，使总的合成磁场瞬时为零，使衔铁移动，从而使锁扣脱开，开断弹簧收缩，在其作用下重合器跳闸。

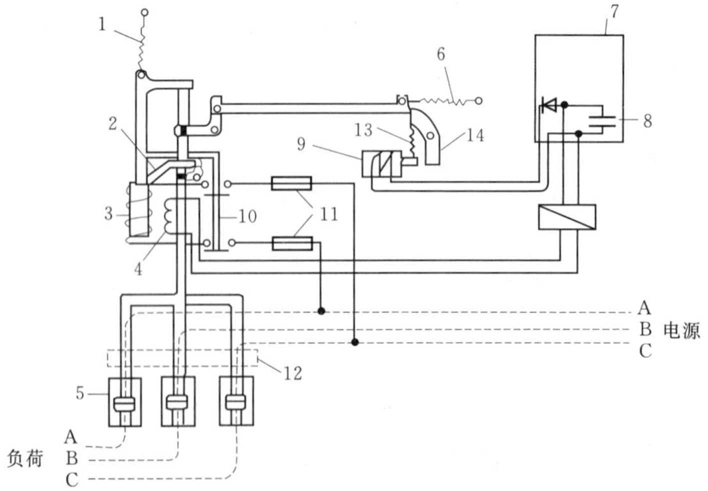

图 4.2 KFE 型真空重合器的操动机构原理图

1—合闸线圈复位弹簧；2—闭锁栓；3—高压合闸线圈；4—跳闸电容器的感应充电线圈；5—真空灭弧室及主触头；6—开断弹簧；7—控制箱；8—跳闸电容器；9—低能跳闸电磁铁；10—合闸接触器触点；11—熔丝；12—套管电流互感器；13—锁扣弹簧；14—锁扣

(3) 电子控制板。电子控制板提供电流检测信号及跳闸和延时所需信号，它依靠6只套管式电流互感器检测线路的过电流状态，并通过电子电路直接控制重合器操动机构完成重合器的分闸和合闸操作。其动作原理如图4.3所示。

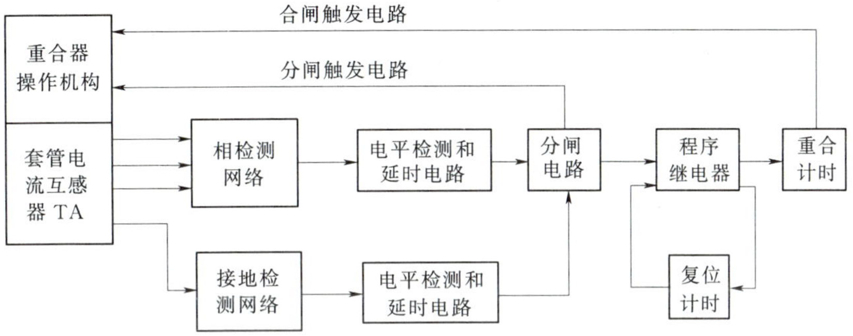

图4.3 电子控制重合器动作原理方框图

相检测网络和接地检测网络由相间或接地分闸电阻、隔离变压器和桥式整流电路组成，它的作用是检测相电流或接地电流的变化情况并转换成直流，为电子控制板提供输入信号。电平检测电路和延时电路的功能是当外来信号达到给定电平时，才将该信号加以放大，并传给延时电路，按选定的安秒特性进行整定延时后，形成脉冲，送到跳闸回路。

KFE型真空重合器的液压机构和电子控制器为一体，在动作特性调整时可以分为两个方面进行调整：一是计数、动作次数和动作快慢顺序的调整，机构内部完成；二是动作电流及安秒特性调整，在控制板上完成。

4.3 分段器

分段器（Sectionalizers）是提高配电网自动化程度和可靠性的又一种重要设备。分段器必须与电源测前级主保护开关（断路器或重合器）配合，在无电压或无电流的情况下自动分闸。当发生永久性故障时，分段器在预定次数的分合操作后闭锁于分闸状态，从而达到隔离故障线路区段的目的。若分段器未完成预定次数的分合操作，故障就被其他设备切除了，分段器将保持在合闸状态，并经一段延时后恢复到预先整定状态，为下一次故障做好准备。分段器可开断负荷电流、关合短路电流，但不能开断短路电流，因此不能单独作为主保护开关使用。

4.3.1 分段器的功能特点及参数

1. 分段器的功能与特点

分段器具有如下特点：

(1) 液压/电子控制，记录次数可调，最多可达4次。

(2) 单断口，采用油作为绝缘和灭弧介质。

(3) 可开断2.2倍额定电流，短路关合电流可达9000A。

(4) 采用电子控制的分段器，功能更多，整定极为方便，并具有抗涌流能力。

(5) 寿命长，免维护。

（6）全密封结构，可在任何气候和环境下进行自动或手动操作。

2. 基本参数

分段器基本参数见表4.3。

表4.3 分段器的基本参数

额定电压/kV	额定耐受冲击电压/kV	额定电流/A	控制方式	合闸方式	分段器类型
2.4～14.4	110	5～200	液压	手动	GN3
	110	200	电子	手动	GN3E
	110	400	电子	手动	GV
24.9	125	200	液压	手动	GN3V
	125	200	电子	手动	GN3VE
34.5	150	400	电子	手动	GW
	150	400	电子	自动	GWC

根据故障判断方式的不同，分段器可分为过流脉冲技术型分段器和电压-时间型分段器。

4.3.2 过流脉冲计数型分段器

1. 动作原理和应用场合

过流脉冲计数型分段器通过检测线路电流来判断故障并进行分合闸操作，故也称为自动分段器。它通常与电源测保护开关重合器（或断路器等）配合使用，不能用来开断故障电流，但具有记忆流过自身的故障电流次数（即过流脉冲次数）的能力。当线路发生故障时，电源侧主保护动作，分段器的记数装置进行记数，当达到预先整定的记忆次数之后，在前级重合器跳开故障线路的瞬间，过流脉冲计数型分段器自动跳开，使故障线路与系统隔离。若未达到预先整定的次数，分段器不分断，重合器再次重合，就恢复了线路的供电。

过流脉冲计数值可以整定在记忆1次、2次和3次。这种分段器装设在重合器之后，或者装设在重合器和熔断器之间。由于它只检测超过指定电平（指正常负荷）的电流，且无任何延时，所以它的电流配合范围很广。过流脉冲计数型分段器所累计记忆的计数值，经一段时间（可整定）后会自动清除，为下次动作做好准备。

2. 主要参数和分类

（1）自动分段器的主要参数。在选用分段器时，涉及的主要参数有：

1）启动电流。这是使分段器开始记数的线路电流，应为上级断路器或重合器最小分闸电流的80%。

2）复位时间。分段器每次记数后，到复位所需时间。

3）累计时间。从首次计数电流消失至分段器完成整定的记数次数所需时间。

在选择和使用分段器时，除应满足上述指标外，还需注意：

1）分段器的额定电压大于系统最高电压。

2）分段器的额定电流大于最大负荷电流。

3）分段器热稳定电流大于使用回路的最大短路电流。

4）热稳定时间必须大于上级保护开断时间。

5）分段器预先整定的分合次数必须少于上级保护的分闸次数。

（2）过流脉冲计数型分段器的分类。过流脉冲计数型分段器按相可分为单向和三相，按控制方式也可分为液压控制和电子控制。电子控制的分段器的控制性能优于液压分段器，它能在不停电情况下调整启动电流，改变计数整定等。另外电子控制的分段器还具有计数抑制功能，能防止分段器在下级保护装置动作时进行计数。

分段器一般安装在线路上。除跌落式分段器外，其余类型分段器的外形与重合器相似。分段器与重合器的主要区别是分段器不能开断短路电流，但是能在线路短路时耐受短路电流的动、热效应。跌落式分段器的结构如图 4.4 所示。这是一种电子控制的单相分段器，其外形与高压熔断器相类似。它可以安装在架空线路上，有安装方便、维护简单、价格低廉等优点，可以与断路器或重合器配合使用。当分段器动作时，载流跌落式管与脱扣器分离而自动跌落，隔离故障。因有明显断点，便于检修人员进行检修。

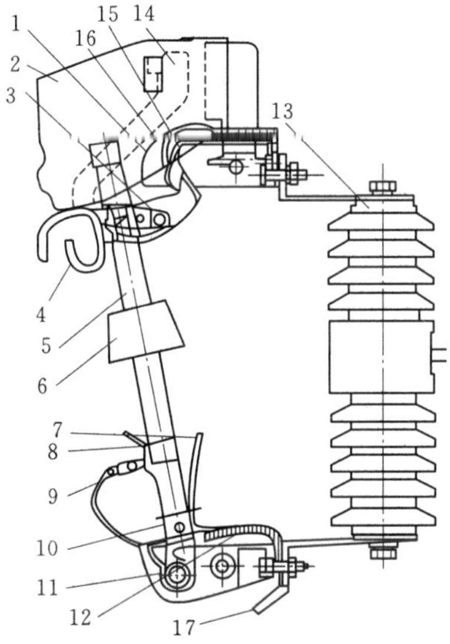

图 4.4 跌落式分段器结构图

1—静触罩；2—灭弧罩；3—触头；4—挂钩；5—载流跌落管；6—互感器；7—负荷钩；8—卡簧片；9—启动爆器；10—脱扣器；11—下支座；12—下静触片；13—瓷瓶；14—灭弧刀片；15—上静触头片；16—触锁；17—缓冲簧

4.3.3 电压-时间型分段器

电压-时间型分段器又称自动配电开关，它能检测网络电压，并以电压的有无来关合和切断电路，与重合器配合可构成电压型的馈线保护自动化。

1. 结构组成

电压-时间型分段器由开关本体（真空开关 PVS），电源变压器 SPS，故障检测器 FDR 和故障区段指示器 FSI 组成。电压-时间型分段器在配电网络中的接线示意图如图 4.5 所示。

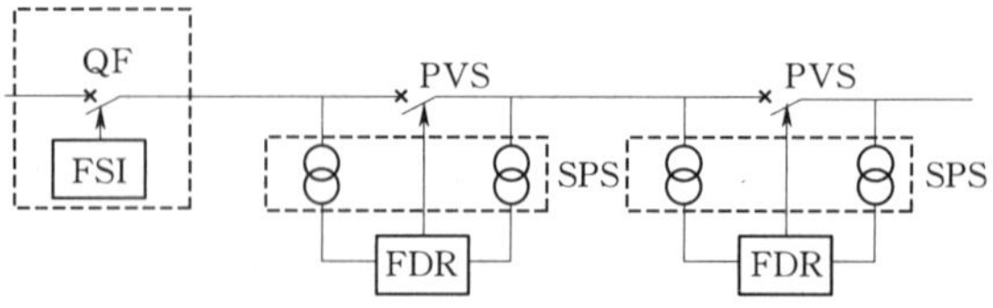

自动配电开关在配网中的接线示意图

图 4.5 分段器在配电网络中的接线示意图

PVS—真空开关；FDR—故障检测继电器；FSI—故障区段指示器；SPS—电源变压器；QF—断路器

(1) 开关分体，采用真空开关。与真空重合器不同的是，分段器的真空开关的开合能力是按开断负荷电流和接通短路电流来设计的，并且开合由电压控制，只要对该开关的励磁线圈施以外加电压，则开关即行关合；只要电压存在，开关就会保持在关合位置。图4.6为真空开关的内部结构图，安装时，利用开关上部的四根螺栓将开关悬吊在横担上。真空开关的开断是自动的，当励磁线圈失去电压时，开关将自动分断。

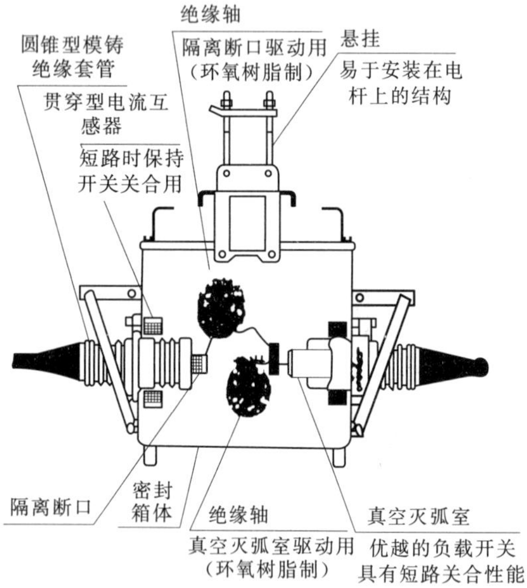

图 4.6 分段器真空开关的内部结构图

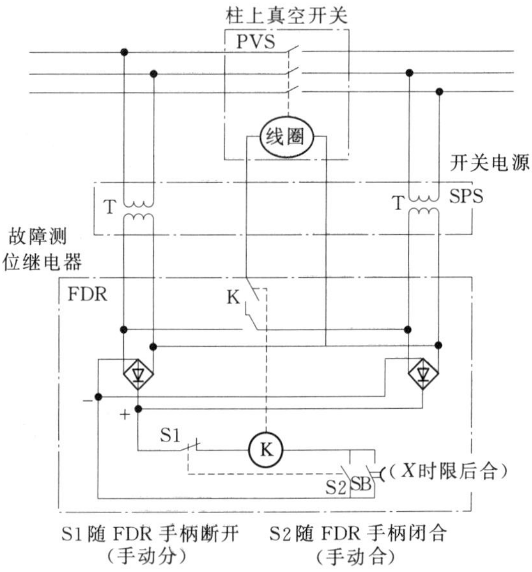

图 4.7 自动配电开关内部接线原理图

(2) 电源变压器，它接受开关两侧的线路电压，是开关的动力电源。

(3) 故障检测器，用它来检测开关两侧的电压，并根据整定时限和预置功能控制开关的动作。

(4) 故障区段指示器，如果有的话一般安装在变电所的线路出口处，可以指示故障发生在线路哪一个区段。

2. 工作原理

电压-时间型分段器的工作原理接线如图4.7所示。分段器的工作电源是通过两个干式变压器和开关电源取自开关两侧的馈线。SPS电源变压器接受网络电压，供给两个并联工作的桥式整流器。桥式整流器的直流输出回路是：重直流电源“+”极→手动常闭触电S1→FDR继电器线圈K→手动常开触点S2和触点SB→直流电源“－”极。若直流电源有电，S2 或 SB 触点闭合，线圈 K 有电，触点 K 闭合，PVS 的励磁线圈有电，PVS 将关合。如果励磁线圈的电压失电，PVS 自动分断。K 触点闭合的条件是：FDR 的手柄处于手动关和状态；或者分段器一侧得到电压的时间超过 X 时限后 SB 触点闭合。当分段器失压或者将 FDR 的手柄置在手动开断的位置，触点 S1 分断，触点 K 断开，PVS 的励磁线圈失去电压，PVS 开断。

3. 电压-时间型分段器的两种功能

电压-时间型分段器的两种功能。第一种是在正常运行时闭合的分段开关，在放射状网中就是用这种功能；第二种是正常运行时断开的分段开关，在环网中就会用到这种功能，如环网中的联络开关。两种功能的切换可利用故障检测器 FDR 底部的操作手柄来实现。

4. 电压-时间型分段器的两个参数

电压-时间型分段器有两个重要参数需要整定，分别为：时限 X 和时限 Y。时限 X 指从分段器电源侧加压开始，到该分段器合闸的时间，也称为合闸时间。时限 Y 称为故障检测时间，是指分段器合闸后又失压的时间，即当分段器关合后，如果 Y 时间内一直可检测到电压，则 Y 时间之后发生失压分闸，分段器不闭锁，否则，分段器分闸闭锁。

当电压-时间型分段器应用于辐射网络时，分段开关工作于正常闭合状态，所以分段器全部设置在第一种功能。当 FDR 检测到分段器电源测有电后起动 X 计数器，在经过 X 时限规定的时间后，使 K 接点闭合，从而令分段器合闸。同时起动 Y 计数器，若在 Y 时限规定的时间以内，该分段器又失去电压，则该分段器分闸并被闭锁在分闸状态。故分段器整定为：X 时限大于 Y 时限大于从分段器电源侧断路器或重合器检测到故障起到跳闸的时间。

当电压-时间型分段器作为环状网的联络开关开环运行时，该分段器工作在正常断开状态，应当设置在第二种功能。安装于联络开关处的分段器能对两侧的电压均进行检测，当检测到任何一侧失压时，起动 X_L（相当于 X 时限）计数器，并经过规定的时间 X_L 后，S 接点闭合，使分段器合闸，同时起动 Y 计数器，若在 Y 时限规定的时间以内，该分段器的同一侧又失压，则该分段器分闸并闭锁在分闸状态。故分段器整定为：X_L 时限大于分段器失压侧断路器或重合器的重合时间$+\sum X$（失压侧各分段器 X 时限的总和）；Y 时限大于从分段器失压侧断路器或重合器检测到故障起到跳闸的时间。

4.4 远方终端单元

4.4.1 概述

配电网自动化远方终端也称为配电自动监控单元。可将它分为两类：馈线远方终端（Feeder Terminal Unit—FTU），也称为面对现场的远方终端；配电变压器远方终端（Transformer Terminal Unit—TTU）。这是两种在馈线自动化中十分重要的自动监控设备。

FTU 的工作原理与变电站中的 RTU 是相同，故只对其功能、特点及应用中要关注的问题作出说明。而 TTU 实为服务对象改为配电变压器的 FTU，故对 TTU 只说明其与

FTU 的区别。

FTU 是配电线上的自动测量与控制测量，是实现馈电线自动化的重要基础自动化装置。用于现场的 FTU 有三种类型：

（1）只具有运行参数采集功能。可以采集馈电线的电流、电压、有功、无功、有功电度、无功电度以及停电时间等。采集的参数通过通信网传送到相关变电站。可称为运行参数采集单元。

（2）在采集单元的功能上加上 I/O 控制，成为自动监控单元。类似于变电站综合自动化系统中的 I/O 单元。当具有远方传送信息功能是，就具有“自动”“远动”操作功能。

（3）一些厂家还将馈电线的微机保护集成到监控单元中，成为一个综合的保护、监控单元。保护具有过流、速断、重合闸等功能。这样的自动装置，生产厂家常称为配电网馈电线综合自动化装置。

由于 FTU 安装地点的不同，带来结构及某些功能的不同。FTU 据此也可以分为三类，即安装于户外柱上、环网柜内及开闭所中。其基本功能相同，但监控的配电线路数量不同。对安装于户外的 FTU，应能满足对恶劣环境的适应性。对温度、湿度、防雷都有要求。

4.4.2 FTU 的功能

FTU 应具有一般的 RTU 功能，以及 FTU 特有功能。

（1）遥信。有多路开关量输入，内部采用光电隔离。输入测控开关的位置及其操作机构状态，有的 FTU 的遥信还包括通信是否正常，储能完成情况等状态量。若有微机保护，则还应有保护动作信号。

（2）遥测。按一条线路需要测量的电流、电压进行交流采样，经数字滤波及运算后，得到要求的各运行参数，数据保存在有备用电源的存储器内，掉电不会丢失，也可能有数条线路遥测。有的 FTU 还具有对蓄电池电压及剩余容量的监视。

（3）遥控。装置收到遥控命令后进入命令校验，当命令检验为正确时，通过出口继电器执行命令（跳闸或合闸）。

（4）保护。采用交流采样并能区别励磁涌流与故障电流，从而在保护定值中不考虑励磁涌流的影响，简化了计算，提高了灵敏度，缩短了保护响应时间。同时，还具有故障录波功能，将故障前、后若干周波波形数据与对应时刻存储到专用存储区，供召唤故障录波。同时，保护定值按运行方式设定数套，可以由系统主机经通信网下装和修改或现场人员人工进行修改定值。

（5）统计功能。对测控的开关的动作次数、动作时间及切断电流进行监视。

（6）事件顺序记录。记录状态量发生变化的时刻及顺序。

（7）事故记录。记录事故发生时的最大故障电流和事故前一段时间（一般为 1min）的负荷，以便分析事故，并作为确定故障区段及恢复供电时重新分配负荷的依据。

（8）定值远方修改功能。

（9）自检及自恢复功能。

（10）远方控制闭锁与手动操作功能。

（11）对时功能。

(12) 装置经串口可与多种通信设备接口。某些产品还可以直接接入配电线载波通信道；也有设置电光转换与光电转换电路，采用光纤通信方式传送信息的。

(13) 装置均有工作与备用电源。工作电源直接取自所在馈电线（由电压互感器提供），此外，还配有蓄电池。当交流电源全部停电后，仍可进行操作和通信。

4.4.3 供电电源问题

FTU 采用工作电源及蓄电池作备用是一种常用方式，但当蓄电池长期不用时，其充放电是一个必须解决而又不太方便控制的问题。

实用 FTU 的工作电源往往采用双电源供电方式，以提高工作可靠性。工作电源之一由所在的馈电线提供，另一电源则根据该 FTU 所在网络位置，取最近的另一配电变压器供电的馈电线路作为备用性工作电源。最新型的 FTU 自带后备电源，当所在线路掉电后，保证 10h 内装置仍正常工作，并能进行遥控跳合闸操作。

4.4.4 配电变压器远方终端（TTU）

TTU 是连接于配网线路上的柱上配电变压器或箱式变压器的远方终端装置。其工作原理、基本功能仍同于 FTU。TTU 的工作环境也是户外，故应满足恶劣的环境下的正常工作条件。

TTU 采用的 CPU 性能要求可低于 FTU。由于配电变电器面对用户，当供电部门要求谐波信息时，TTU 应有谐波检测功能。其每个基波的采样点数应根据需要检测到的最高谐波次数来确定。当配电变压器有可调分接头（一般为升压、将压、停止三档），有可投切电容器组时，其遥控功能应能满足电压无功调控的要求。

4.5 当地控制方式

馈线自动化的主要功能是监视馈线的运行方式和负荷，当故障发生后，及时准确地判断故障区段，迅速隔离故障区段并恢复健全区段的供电。馈线自动化方案可分为当地控制方式和远方控制方式两种类型。前一种是依靠智能配电开关设备间的相互配合来实现隔离故障区域和恢复健全区域供电的功能；后一种是通过通信网络及配电子站把户外分段开关处的柱上 FTU 和配电网控制中心的 SCADA 计算机系统连接起来，由计算机软件分析后确定故障区域和最佳供电方案，最后以遥控方式隔离故障区域，恢复正常区域供电，是馈线自动化的发展方向。

当地控制方式的馈线自动化根据检测的电气量的不同，又可分为电流型方案和电压型方案。电流型方案是采用重合器、过流脉冲型分段器、熔断器相配合，以检测馈线电流来控制和保护的；电压型方案则是采用重合器与电压-时间型分段器配合，以检测馈线电压为依据进行控制和保护的。

4.5.1 电压型方案

电压型方案以重合器与电压-时间型分段器配合为例进行说明。

1. 简单放射状网故障区段隔离过程

图 4-8 为一简单放射状网采用重合器与电压-时间型分段器配合隔离故障区段的过程示意图。图中 A 采用重合器，整定为一慢二快，即第一次重合时间为跳闸后 15s，第二次

重合时间为跳闸后5s。B和D采用电压-时间型分段器，它们的X时限均整定为7s。C和E采用电压-时间型分段器，其X时限均整定为14s，Y时限均整定为5s。分段器均设置在第一套功能。

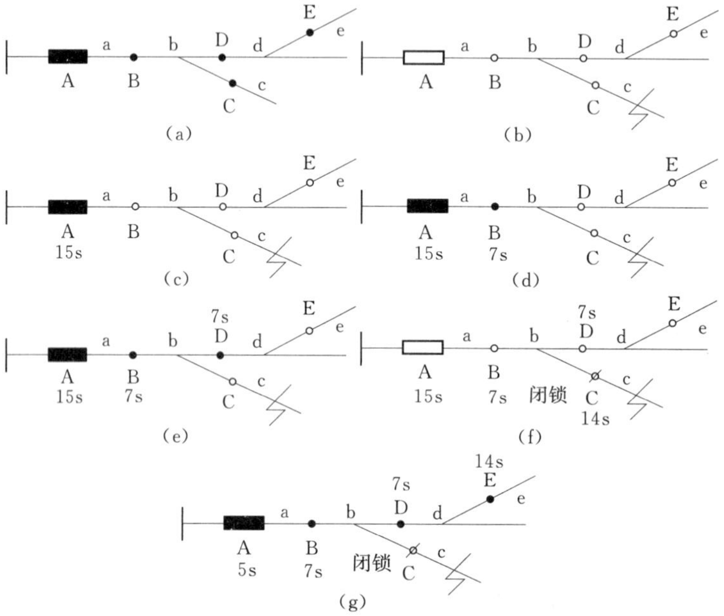

图4.8 放射状网隔离故障区段的过程

重合器合闸状态 • 分段器合闸状态

重合器断开状态 ∘ 分段器断开状态

⌀ 分段器闭锁状态

过程说明：

(1) 图4.8 (a) 为放射状网正常工作的情形。

(2) 如图4.8 (b) 所示，描述在c区段发生永久性故障后，重合器A跳闸，导致线路失压，造成分段器B、C、D和E均分闸。

(3) 如图4.8 (c) 所示，事故跳闸15s后，重合器A第一次重合。

(4) 如图4.8 (d) 所示，经过7s的X时限后，分段器B自动合闸，将电供至b区段。

(5) 如图4.8 (e) 所示，又经过7s的X时限后，分段器D自动合闸，将电供至d区段。

(6) 如图4.8 (f) 所示，分段器B合闸后，经过14s的X时限后，分段器C自动合闸。由于c段永久性故障，再次导致重合器A跳闸，从而线路失压，造成分段器B、C、D和E均分闸，由于分段器C合闸后未达到Y时限 (5s) 就又失压，该分段器将被闭锁。

(7) 如图4.8 (g) 所示，重合器A再次跳闸后，又经过5s进行第二次重合，分段器B、D、E依次自动重合，而分段器C因闭锁保持分闸状态，从而隔离了故障段，恢复了健全区段的供电。整个过程历时55s。

从上面的动作分析过程可以看出，用多级自动配电开关与重合器配合实现故障隔离的配电网中，各级开关间的时差配合采用的是逆时针差配合实现选择性，打破了传统继电保护中的顺时差实现选择性的配合方法。顺时差配合：指离变电所较近的开关，比离变电所较远的开关保护装置的时限要大一级，比如大 0.5s，以使离变电所较近的开关比离的较远的开关后跳开，从而达到选择性的目的，这种方法的缺点是离变电所越近的开关承受短路电流的袭击时间越长。逆时差配合：指不管线路中哪一段线路发生短路，重合器先跳开，然后各自动配合开关逐级延时闭合来寻找故障点。

2. 环状网开环运行的故障区段隔离过程

典型的开环运行的环状网采用重合器与电压-时间型分段器配合隔离故障区段的过程示意图如图 4.9 所示，图中 A 采用重合器，整定为一慢二快，即第一次重合时间为 15s，第二次重合时间为 5s。B、C 和 D 采用电压-时间型分段器并且设置在第一套功能，它们的 X 时限均整定为 7s，Y 时限均整定为 5s。E 也采用电压-时间型分段器，但设置在第二功能，其 X_L 时限整定为 45s，Y 时限整定为 5s。

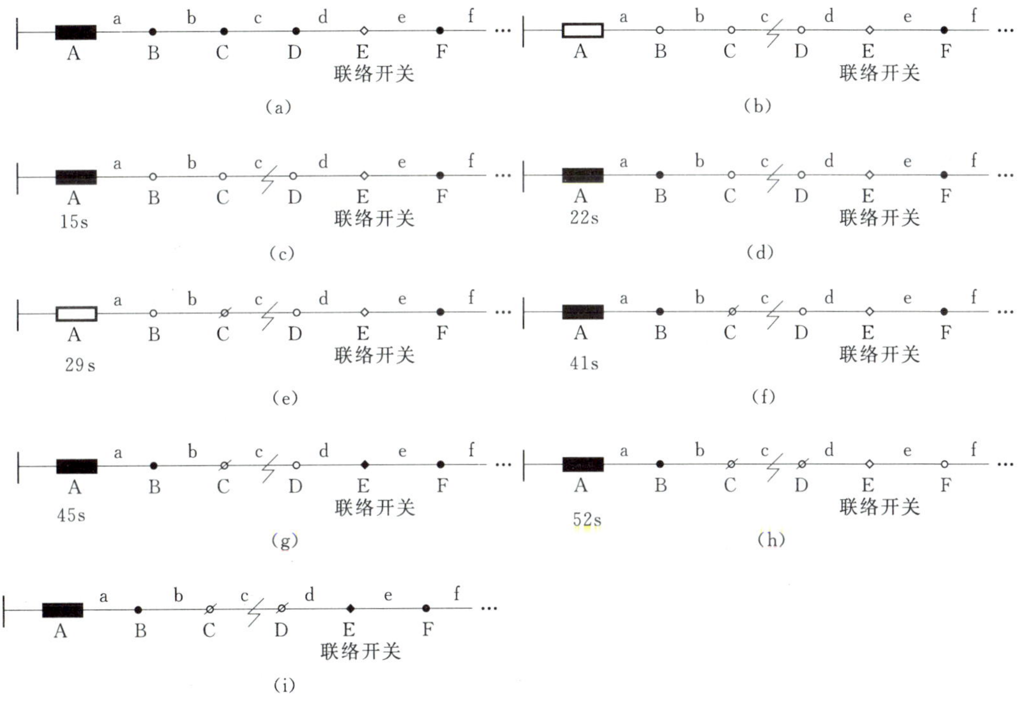

图 4.9 典型的开环运行的环状网隔离故障区段的过程示意图

重合器合闸状态 • 分段器合闸状态

重合器断开状态 ∘ 分段器断开状态

分段器闭锁状态 ∘ 联络开关断开状态

• 联络开关合闸状态

过程说明：

(1) 图 4.9 (a) 为开环运行的环状网正常工作的情形。

(2) 如图 4.9 (b) 所示，描述在 c 区段发生永久性故障后，重合器 A 跳闸，导致联络开关左侧线路失压，造成分段器B、C和D均分闸，启动分段器E的 X_L 计数器。

(3) 如图4.9 (c) 所示，事故跳闸15s后，重合器A第一次重合。

(4) 如图4.9 (d) 所示，经过7s的 X 时限后，分段器B自动合闸，将电供至b区段。

(5) 如图4.9 (e) 所示，又经过7s的 X 时限后，分段器C自动合闸。由于c段永久性故障，再次导致重合器A跳闸，从而线路失压，造成分段器B和C均分闸，由于分段器C合闸后未达到 Y 时限 (5s) 就又失压，改分段器将被闭锁。

(6) 如图4.9 (f) 所示，重合器A再次跳闸后，又经过5s进行第二次重合，7s后分段器B自动合闸，而分段器C因闭锁保持分闸状态。

(7) 如图4.9 (g) 所示，重合器A第一次跳闸后，又经过45s的 X_L 时限后，分段器E自动合闸，将电供至d区段。

(8) 如图4.9 (h) 所示，又经过7s的 X 时限后，分段器D自动合闸。此时由于c段存在永久性故障，导致联络开关右侧线路的重合器跳闸，从而右侧线路失压，造成其上所有分段器均分闸，由于分段器D合闸后未达到 Y 时限 (5s) 就又失压，该分段器将被闭锁。

(9) 如图4.9 (i) 所示，联络开关以及右侧的分段器和重合器又依次顺序合闸，而分段器D因闭锁保持分闸状态，从而隔离了故障区段，恢复了健全区段的供电。

可见，当隔离开环运行的环状网的故障区段时，要使联络开关另一侧的健全区域所有的开关都分一次闸，造成供电短时中断，这是很不理想的。东芝公司的电压-时间型分段器就这个问题作出了改进，具体做法是：在分段器上又设置了异常低压闭锁功能，即当分段器检测到其任何一侧出现低于额定电压30%的异常低电压时间超过150min时，该分段器将闭锁。这样在图4.9 (e) 中，开关D也会被闭锁，从而在图4.9 (g) 中，只要合上联络开关E就可完成故障隔离，而不会发生联络开关右侧所有开关跳闸再顺序重合的过程。

3. 重合器与电压-时间型分段器配合的整定方法

整定原则：重合器与电压-时间型分段器配合方式的整定的关键条件是不能在同一时刻有两台以上的分段开关同时合闸，只有这样才能判断出故障区域，避免对故障的误判。因此，分段器的 Y 时限一般统一选为5s，而分段器 X 时限的整定步骤如下：

第一步：确定分段器合闸时间间隔，并从联络开关中将配电网分割成以电源开关为根的树状配电子网络。

第二步：在各配电子网络中，以电源节点合闸为时间起点，分别对各个分段器标注其绝对合闸延时时间，并注意不能在任何时刻有一台以上的分段开关同时合闸。

第三步：某台分段器的 X 时限等于该开关的绝对合闸延时时间减去作为其父节点的分段器的绝对合闸延时时间。

以图4.10所示的配电网为例，方块S1、S2、S3代表变电站出口断路器，B、C、D、E、F、G、H、M代表分段开关，E和H为联络开关，实心符号代表开关处于合闸状态，空心符号代表开关处于分闸状态。假设各分段器的 Y 时限均取为5s

分段器 X 时限的整定步骤为：

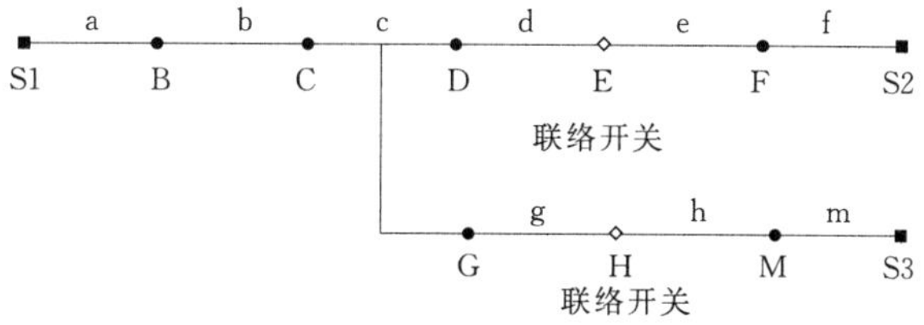

图 4.10 简单的网格状配网图

第一步：确定分段器开关合闸时间间隔为 7s，并从联络开关处将配电网分割成三个辐射状配电子网络：S1、B、C、D、E、G、H，S2、F、E 和 S3、M、H。

第二步：对于子网络 S1、B、C、D、E、G、H，其各台分段器的绝对合闸延时时间分别为：X_a（B）=7s，X_a（C）=14s，X_a（D）=21s，X_a（G）=28s；同理，对于子网络 S2、F、E 有 X_a（F）=7s；对于子网络 S3、M、H 有 X_a（M）=7s。

第三步：某台分段器的 X 时限等于该开关的绝对合闸延时时间减去作为其父节点的分段器的绝对合闸延时时间，于是有：$X(B)=X_a(B)-0=7s$，$X(C)=X_a(C)-X_a(B)=14-7=7s$，$X(D)=X_a(D)-X_a(C)=21-14=7s$，$X(G)=X_a(G)-X_a(C)=28-14=14s$，$X(F)=X_a(F)-0=7s$，$X(M)=X_a(M)-0=7s$。

联络开关的 X_L 时限的确定：

只有一台联络开关参与故障处理时：分别计算出假设该联络开关两侧与该开关相连接的区域故障时，从故障发生到与故障区域相连的分段器闭锁在分闸状态所需的延时时间 t_{max}（左）和 t_{max}（右），取其中较大的一个记作 T_{max}，则 X_L 时限设置应大于 T_{max}。

4.5.2 电流型方案

电流型方案以重合器与过流脉冲计数型分段器配合为例进行说明。

1. 隔离永久性故障区段的过程

图 4.11 为一树状网采用重合器与过流脉冲计数型分段器配合隔离永久性故障过程示意图。图中 A 采用重合器，B 和 C 采用过流脉冲计数型分段器。它们的计数次数均整定为 2 次。

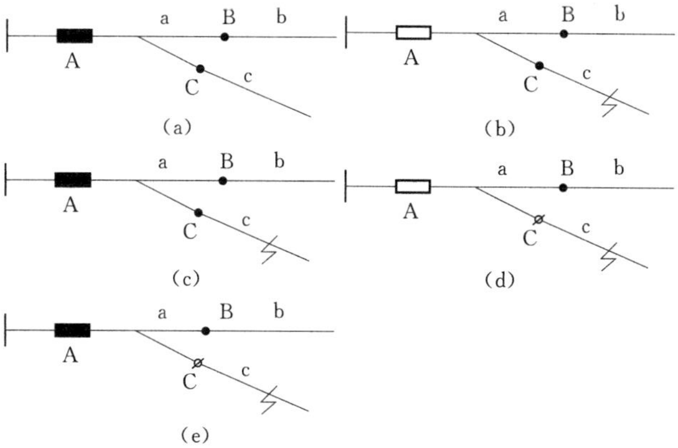

图 4.11 重合器与过流脉冲计数型分段器配合隔离永久性故障区段过程

▬ 重合器合闸状态 • 分段器合闸状态

▭ 重合器断开状态 ∘ 分段器断开状态

ø 分段器闭锁状态

过程分析：

(1) 图 4.11 (a) 为该放射状网正常工作的情形。

(2) 图 4.11 (b) 所示，在 c 区段发生永久性故障后，重合器 A 跳闸，分段器 C 计过电流一次，由于未达到整定值（2 次），因此不分闸而保持在合闸状态。

(3) 图 4.11 (c) 所示，经过一段延时后，重合器 A 第一次重合。

(4) 图 4.11 (d) 所示，由于再次合到故障点处，重合器 A 再次跳闸，并且分段器 C 的过流脉冲计数值会达到整定值两次，因此分段器 C 在重合器 A 再次跳闸后的无电流时期分闸。

(5) 图 4.11 (e) 所示，又经过一段时间延后，重合器 A 进行第二次重合，而分段器 C 保持分闸状态，从而隔离了故障区段，恢复了健全区段的供电。

2. 隔离暂时性故障区段的过程

图 4.12 为上述树状网采用重合器与过流脉冲计数型分段器配合隔离暂时性故障过程示意图。过程说明如下：

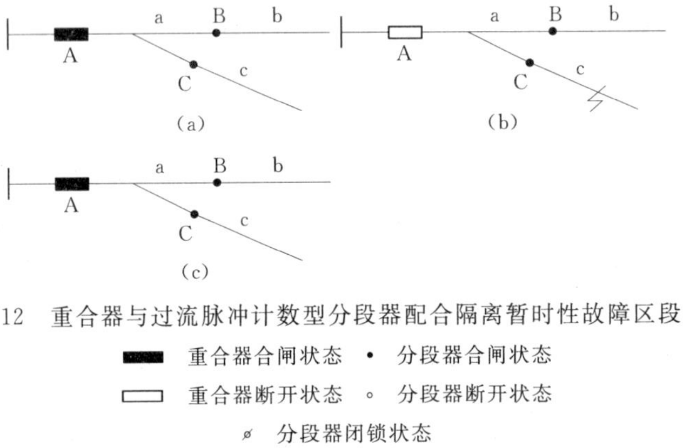

图 4.12 重合器与过流脉冲计数型分段器配合隔离暂时性故障区段过程

(1) 图 4.12 (a) 为放射状网正常工作情形。

(2) 图 4.12 (b) 所示，在 c 区段发生暂时性故障后，重合器 A 跳闸，分段器 C 计过电流一次，由于未达到整定值（2 次），因此不分闸而保持在合闸状态。

(3) 图 4.12 (c) 所示，经过一段延时后，暂时性故障消失，重合器 A 重合成功恢复了系统供电，在经过一段确定的时间（与整定有关）以后，分段器 C 的过电流计数值清除，又恢复到其初始值。

3. 基于重合器的馈线自动化的不足

(1) 采用重合器或断路器与电压-时间型分段器配合，当线路故障时，分段开关不能立即分断，而要依靠重合器或断路器的保护跳闸，在馈线失压后，分段开关才能分断。采用重合器或断路器与过流脉冲计数型分段器配合时，也要依靠重合器或断路器的保护跳闸，导致馈线失压后，分段开关才能分断。

(2) 基于重合器的馈线自动化系统只能在线路发生故障时发挥作用，而不能在远方通过遥控完成正常的倒闸操作。

(3) 基于重合器的馈线自动化系统不能实时监视线路的负荷，因此，无法掌握用户用电规律，也难于改进运行方式，当故障区域隔离后，在恢复健全区域供电，进行配电网重构时，也无法确定最优方案。

4.6 远方控制方式

远方控制方式的馈线自动化系统是建立在计算机监控系统和通信网络的基础上，所需用的主要设备是具有数据采集和通信能力的配电远方终端单元。它的功能有：在正常情况下，远方适时监视馈线开关的状态和馈线电流、电压情况，实现线路开关的远方合闸和分闸操作；在负荷不均匀时，通过负荷均衡化达到优化运行方式的目的；在故障时获取故障记录，并自动判别和隔离馈线故障区段以及恢复对非故障区域的供电。

4.6.1 远方控制方式的馈线自动化系统的组成

一个典型的由负荷开关、FTU 加计算机系统和通信系统组成的远方控制方式馈线自动化系统如图 4.13 所示。

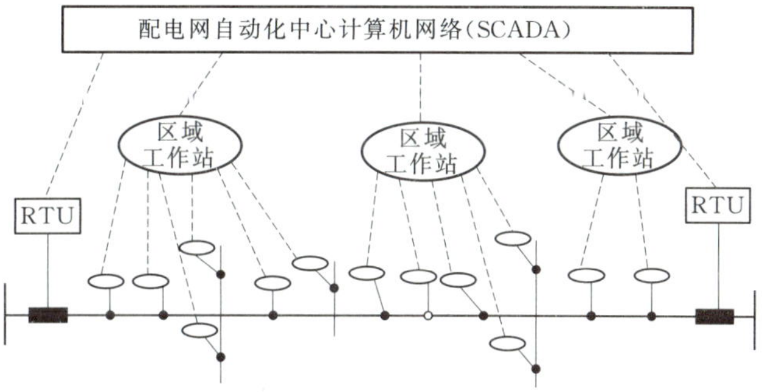

图 4.13 典型远方控制方式馈线自动化系统的组成

控制线 馈线 通信线
断路器 • 分段开关 FTU ∘ 联络开关

图示系统中各 FTU 分别采集相应柱上开关的运行情况，如负荷、电压、功率和开关当前位置、储能完成情况等，并将上述信息由通信网络方向远方的配电网自动化控制中心。

各 FTU 还可以接受配网自动化控制中心下达的命令进行相应的远方倒闸操作。

在故障发生时，各 FTU 记录下故障前及故障时的重要信息，如最大故障电流和故障前的负荷电流、最大故障功率等，并将上述信息传送至 DAS 控制中心，经计算机系统分析后确定故障区段和最佳供电恢复方案，最终以遥控方式隔离故障区段、恢复健全区段供电。

区域工作站是一个通道集中器和转发装置，它将众多分散的采集单元集中起来和 DAS 控制中心联系，并将各采集单元的面向开关对象的通信规约转换成为标准的远动规约（如 SC1810、CDT、CNP 和 Modbus 等），这样配电网自动化 SCADA 系统和变电站、开闭所的数据采集装置就可以直接借鉴调度自动化的成熟技术。

4.6.2 远方控制方式的馈线自动化系统的实现

以采用环网柜（Ring main unit，RMU）环形配电方式的配电网络为例，环网柜可以是户外式，也可以是户内式。环网柜一般有两路进线和两路出线，两路进线分别接入环网的两侧。数个环网柜连成一个供电环网。整个网络一般采用10kV电缆连接，电源可以分别由一个变电站的两段母线引出的两路馈线供电，也可由两个变电站供电。正常运行时开环，在故障时，依靠馈线环网柜的负荷开关进行故障隔离和对非故障段恢复供电。

基于环网柜方式的远方控制馈线自动化，是采用配网自动化主站系统（DAS）加FTU的方式。由于一个地区或市的配电网面广量大，因此对DAS来讲，大多是采取分层调度控制方式，分主站系统或若干子站系统。主站系统设在配电调度中心，对整个地区或市的配电网进行实时监控和调度。下设的若干子站系统，每个子站系统对若干个环网和手拉手线路进行实时监控。而具体的馈线自动化功能的实施也是在子站一级完成。子站系统一般设在某一变电站内，而环网柜的馈线，一般就是从这一变电站引出。当在实施馈线自动化时若涉及另一变电站馈线出线开关的操作，则要通过上一级来进行调度安排。环网馈线自动化的FTU的信息一般也是通过通道送至子站系统，而不是直接送至主站系统，如果有信息需要送至主站系统则可以通过该变电站的RTU（运动终端）来完成这一任务。

4.6.3 两种控制方式的馈线自动化系统的比较

采用配电自动化设备相互配合的馈线自动化系统和基于馈线终端设备（FTU）的馈线自动化系统目前国内外均大量使用，它们的比较和适用范围见表4.4。

表4.4 两种馈线自动化系统的比较

特征＼类别	基于自动化设备相互配合的馈线自动化系统	基于FTU和通信网络的馈线自动化系统
主要优点	结构简单，建设费用低，不需要建设通信网络，不存在电源提取问题	故障时隔离故障区域，正常时监控配电网运行，可以优化运行方式，实现安全经济运行；适应灵活的运行方式；恢复健全区域供电时，可以采取安全和最佳措施；可以和GIS、MIS系统联网，实现全局信息化
主要缺点	仅在故障时起作用，正常时不起监控作用，不能优化运行方式；调整运行方式后，需要到现场修改整定值；恢复健全区域供电时，无法采取安全和最佳措施；处理故障时需要多次重合，随设备冲击大	结构复杂，建设费用高，需要建设通信网络，存在电源提取等问题
所需主要设备	重合器、分段器等	FTU、通信网络、区域工作站、配电自动化计算机系统
适用范围	农网、负荷密度小的偏远地区、供电途径少于两条的网	城网、负荷密度大的地区、重要工业园区、供电途径多的网格状配电网、其他供电可靠性要求高的地区

习题与思考题

一、名词解释

1. FTU

2. 当地控制方式

3. 远方控制方式

二、思考题

1. 重合器的结构性能与断路器有何不同？重合器按控制方式不同分为哪几类？

2. 重合器的主保护及功能有哪些?

3. 分段器的功能特点有哪些?

4. 重合器与电压时间型分段器配合方式中分段开关的 X 时限如何整定?试说明图 4.8 中的 B 和 D 的 X 时限整定为 7s 而 C 和 E 的 X 时限均整定为 14s 的原因。

5. 馈线自动化有哪两种控制方式?比较它们的优缺点。

第 5 章 配电网 SCADA 系统

5.1 概述

SCADA（Supervisory Control And Data Acquisition）系统，即数据采集与监视控制系统。它应用领域很广，可以应用于电力、冶金、石油、化工、燃气、铁路等领域的数据采集与监视控制以及过程控制等诸多领域。在电力系统中，SCADA 系统应用最为广泛，技术发展也最为成熟。它在远动系统中占重要地位，可以对现场 SCADA 系统的运行设备进行监视和控制，以实现数据采集、设备控制、测量、参数调节以及各类信号报警等各项功能，即我们所知的四遥功能。RTU（远程终端单元），FTU（馈线终端单元）是它的重要组成部分，在现今的变电站综合自动化建设中起了相当重要的作用。

SCADA 系统自诞生之日起就与计算机技术的发展紧密相关。SCADA 系统是随着计算机技术发展而发展的同步应用系统。

第一代是基于专用计算机和专用操作系统的 SCADA 系统，如电力自动化研究院为华北电网开发的 SD176 系统以及在日本日立公司为我国铁道电气化远动系统所设计的 H-80M 系统。这一阶段是从计算机运用到 SCADA 系统时开始到 20 世纪 70 年代。

第二代是 20 世纪 80 年代基于通用计算机的 SCADA 系统，在第二代中，广泛采用 VAX 等其他计算机以及其他通用工作站，操作系统一般是通用的 UNIX 操作系统。在这一阶段，SCADA 系统在电网调度自动化中与经济运行分析，自动发电控制（AGC）以及网络分析结合到一起构成了 EMS 系统（能量管理系统）。第一代与第二代 SCADA 系统的共同特点是基于集中式计算机系统，并且系统不具有开放性，因而系统维护，升级以及与其他联网构成很大困难。

第三代是基于 20 世纪 90 年代按照开放的原则，基于分布式计算机网络以及关系数据库技术的能够实现大范围联网的 EMS/SCADA 系统。这一阶段是我国 SCADA/EMS 系统发展最快的阶段，各种最新的计算机技术都汇集进 SCADA/EMS 系统中。这一阶段也是我国对电力系统自动化以及电网建设投资最大的时期。

第四代 SCADA/EMS 系统的基础条件是基于网络技术，该系统的主要特征是采用 Internet 技术、面向对象技术、智能技术以及 JAVA 平台等技术，继续扩大 SCADA/EMS 系统与其他系统的集成，综合安全经济运行以及商业化运营的需要。

SCADA 系统在随着计算技术的发展而不断完善，不断发展。结合电力系统对数据处理的要求，为后续系统的发展提出新的要求：

（1）SCADA/EMS 系统与其他系统的广泛集成。SCADA 系统是电力系统自动化的实时数据源，为 EMS 系统提供大量的实时数据。同时在模拟培训系统，MIS 系统等系统中都需要用到电网实时数据，而没有这个电网实时数据信息，所有其他系统都成为“无源之水”。所以 SCADA 系统如何与其他非实时系统的连接成为 SCADA 研究的重要课题；现有的 SCADA 系统已经成功地实现与 DTS（调度员模拟培训系统）、企业 MIS 系统的连接。SCADA 系统与电能量计量系统，地理信息系统、水调度自动化系统、调度生产自动化系统以及办公自动化系统的集成成为 SCADA 系统的一个发展方向。

（2）变电所综合自动化。以 RTU、微机保护装置为核心，将变电所的控制、信号、测量、计费等回路纳入计算机系统，取代传统的控制保护屏，能够降低变电所的占地面积和设备投资，提高二次系统的可靠性。变电所的综合自动化已经成为有关方面的研究课题，我国东方电子等公司已经推出相应的产品，但在铁道电气化上还处于研究阶段。

（3）专家系统、模糊、神经网络、遗传等智能技术及算法将逐步应用与新型的电力 SCADA 系统中。

5.2 配电 SCASA 系统的特点

5.2.1 系统特点

电力系统电能的生产包括发电、变电、输电、配电等几个环节，各环节的电能设备（发电机、变压器、输电线、电网馈线以及各种开关、刀闸和隔离设备、用户用电设备等）共同构成了电力网。电力网又可以分为输电网和配电网。与之相对应的 SCADA 系统也可以分为输电 SCADA 系统（TSCADA）和配电 SCADA 系统（DSCADA）。

电力系统的 SCADA 系统最初只是在输电系统进行开发。随着配电自动化的实施，SCADA 系统逐步被引用到配电网的监控中，虽然配电 SCADA 起步较晚，而且功能和输电基本相同，但是并不意味着可以照搬输电的 SCADA。相反，配电的 SCADA 系统比输电的 SCADA 系统更为复杂，具有其独特性，主要表现如下：

（1）配电网一般是树状结构，不仅有集中在变电所的设备，还有大量分布于馈线沿线的设备（如柱上变压器、开关等），数据分散、点多、每一点信息量较少，采集信息比输电网困难。

（2）配电网设备较多，数据量一般要比输电网多出一个数量级。

（3）配电网的操作频度及故障频度远比输电网多，因此采集的信息应该能反应配电网的故障，例如短路故障前后的电压和电流。

（4）配电网是三相不平衡网络，而输电网是三相平衡网络，因而无论在计算上还是在 SCADA 图形监视上，都不尽相同。

（5）对于配电网而言，需要有建立在 SCADA 系统之上的具有故障隔离能力及恢复供电能力的自动操作软件。

（6）配电网因其点多面广，配电网 SCADA 系统对通信系统提出了比输电网更高的要求。

（7）配电网直接连接用户，由于用户的增容、拆迁、改动等原因，使得配电网 SCADA 系统的创建、维护、扩展工作量非常大。

5.2.2　体系结构

配电自动化系统结构如图 5.1 所示。系统主要由主站系统、通信网络和终端设备构成。

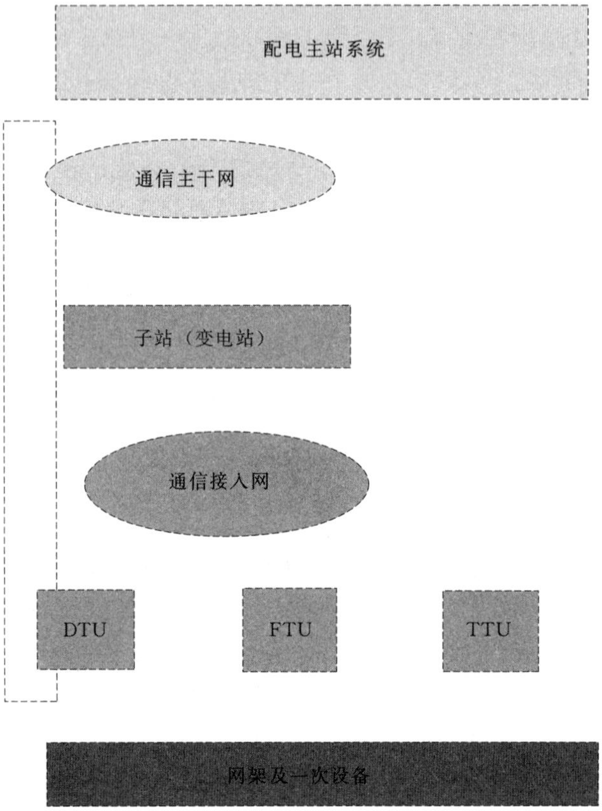

图 5.1 配电网自动化的体系构架

1. 配电主站系统

配电主站是配电自动化系统的核心部分，主要实现配电网数据采集与监控等基本功能和电网拓扑分析应用等扩展功能。完成配电自动化信息的采集、处理与存储，并对配网进行分析、计算与决策过程，配电主站是整个配电自动化系统的监控中心。

由于配电自动化系统的测控对象包含数量、容量都比较多的开关站和变压器，同时也包括数量极多的但容量较小的户外分段开关，在网络拓扑上宜采用分布式集中控制的模式，主站系统可以是一个局域网，可同时控制中心主站、区域工作站及现场设备。

2. 通信网络

配电网自动化程度的重要标志是通讯是否符合自动化的要求，它担负着设备及用户与自动化的联络，起着纽带作用。担负着信息的处理、命令的发送和返回。所有数据的传递，没有可靠有效的通信，配电网无法与自动化相联系。

关于自动化通信，通常概念有两种：一是外围通信，主要是数据以及语言的通道。采用的方法为有线和无线两大类。有线分光纤通信、音频电缆通信、电力载波通信；无线通信分微波通信、扩频通信以及无线电通信。对于城市配电网应结合城区的特殊情况，以及实际应用效果来决定采取哪一种通信方式。另一种通信通常是在计算机上的软件通信，由统一规约。各种计算机软件以及数据库、远动装置都是由计算机软件进行数据交换，在实际计算机运行过程中的某一种规定的方式进行，通信规约一般是由设备自身来设定的，同一生产单位的产品规约是一致的，当有不同的生产厂家时，通信规约则会不一致，导致数据传递的失败。

光纤通信是城市配电网通信的主要方式，主要特点是可靠性高，干扰小，不受环境条件的影响，可作为语言、数据和图像的传输，是当前较好的通信方式。但是由于光纤所相关的设施的费用较高，在使用中受到限制。尤其是在配电网中，因配电柱上开关及用户分布在沿线，对于每一开关及用户所需的通信很难从一根多芯的通信光缆中取出。

音频有线是城市电网较为经济和实用的方法，通信的布设及各通信端的连接无特殊要求，造价较低，容易实施，但容易受环境的影响，尤其是与高压配电线路同杆架设，高压的强电场和强磁场对通信线的干扰影响较大。

电力载波是电力系统常用的通信方法，在对于无断点的线路。例如变电站与变电站之间，已经有成熟的经验，使用效果好。但对于配电网线路，由于线路多台配电变压器以及线路，由于柱上开关的断点，使载波通信在配电线路中使用受到了较大的影响，有些问题尚待进一步研究。

微波通信对于配电网多点通信点是很难采用的，考虑到微波通信的接收装置，以及工程投资，对于城市配电网的应用不完全满足。而扩频通信广泛地被应用到各行各业的通信，对于电网变电站与调度中心，长距离的通信能体现出扩频技术的诸多优点，抗干扰能力强，保真性高，误码率低，可实现码分多址复用，功谱密度低，发射功率小。但对于高楼林立的城市配电网，柱上开关及配电网变压器的位置很难确定最好的通信环境时，其放射信号的接收会受到波传输的影响（绕射功能差）。往往出现在城市应用效果不佳的现象。

无线通信主要是音频，通常作为我国负荷控制的应用领域，在城市应用效果得到充分证实，主要问题是无线通信装置的使用效果，早期的无线通信装置是产品质量不佳，影响了通信效果。

计算机通信，主要是通信规约问题，对于我国电力系统，采用了标准的通信规约，由国家和行业远动、通信标准来决定，通常的规约为 CDT、POLLIG 等。

近几年来，通信接口以 485 形式出线，增强了通信的传输能量。因此无论配电网采用何种通信方式，对远动（RTU）与主站系统的通信必须符合某一规定的要求。

数据通信网络组网方式如图 5.2 所示。

3. 终端设备

配电终端设备是指用于配电网馈线回路的各种馈线远方终端、配电变压器远方终端以及中压监控单元（配电子站）等设备的统称，其中：

(1) FTU 是指安装在配电网馈线回路的柱上开关等处，并具有遥信、遥测、遥控和故障电流检测（或利用故障指示器检测故障）等功能的远方终端。

(2) DTU 是指安装在配电网馈线回路的环网柜、开闭所和配电所站点，具有遥信、遥测、遥控和故障电流检测（或利用故障指示器检测故障）等功能的远方终端。

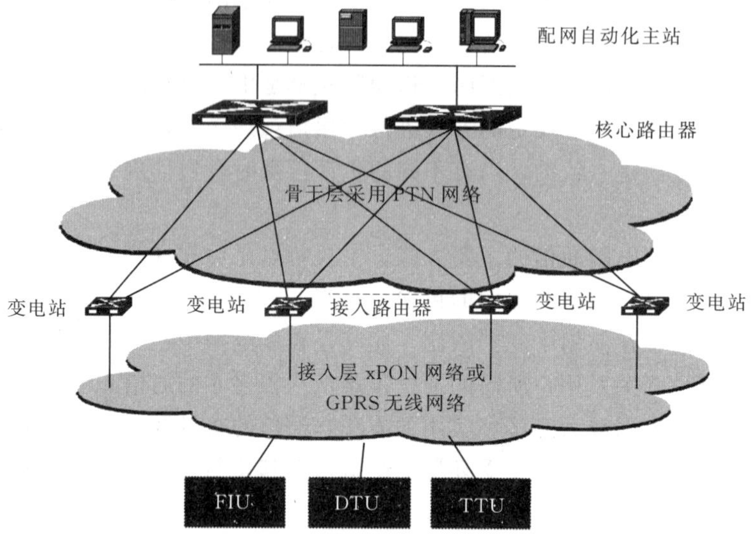

图 5.2　数据通信网络组网方式

(3) TTU 是指安装在配电变压器的监测终端。

配电终端设备类型如图 5.3 所示。

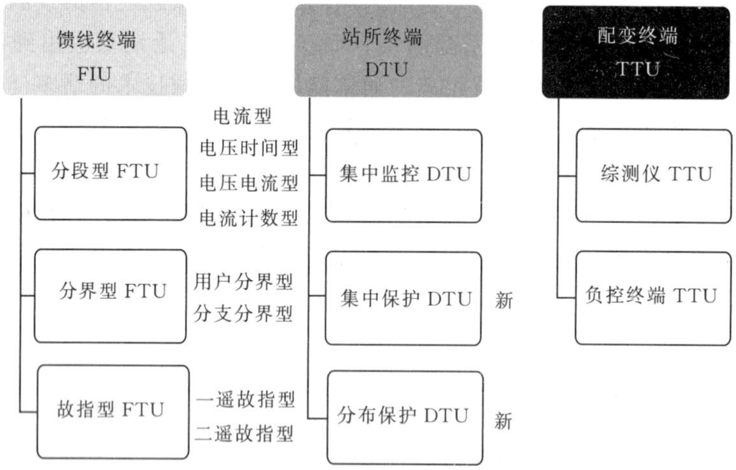

图 5.3　配电终端设备类型

5.3　配电 SCADA 系统的平台功能

配电自动化主站系统主要由计算机硬件、操作系统、支撑平台软件和配电网应用软件组成。其中，支撑平台包括系统数据总线和平台多项基本服务，配电网应用包括配电SCADA 等基本功能以及馈线故障处理、电网分析应用、智能化应用等扩展功能。主站系统通过标准化的接口适配器实现与其他相关信息系统的信息交互。

配电 SCADA 系统的基本功能是四遥功能，即遥信、遥测、遥控和遥调功能。

“一遥”功能指状态信息的远传（即遥信 YX）。“二遥”功能指配电终端将采集的开关位置信息（即遥信 YX）及电流电压量（即遥测 YC），通过通信系统上传到配电自动化主站。“三遥”功能指配电终端将采集的开关位置信息（即遥信 YX）及电流电压量（即遥测 YC），通过通信系统上传到配电自动化主站。同时，配电自动化主站系统通过通信系统对开关进行分合操作（即遥控 YK）。遥调主要是指对远程的设备进行远程调试，可以远方修改设备上的一些设定参数，比如保护的定值等（即遥调 YT）。

配电自动化主站系统功能主要体现如下。

5.3.1 基本功能

1. 平台服务

(1) 支撑软件。支撑软件提供一个统一、标准、容错、高可用率的用户开发环境，主要包括但不限于：

1）关系数据库软件，存储电网静态模型及相关设备参数。

2）动态信息数据库软件（即实时/历史数据库软件），高效处理配网海量的实时、历史数据及其数据质量，为各项应用分析提供完整的运行方式变化轨迹。

3）中间件，屏蔽底层操作，在异构平台上实现分布式应用。

(2) 数据库管理。数据库管理主要功能包括但不限于：

1）具有完善的交互式环境的数据库录入、维护、检索工具和良好的用户界面，并可进行数据库删除、数据库清零、数据库拷贝等操作。

2）具备全网数据同步功能，做到任一元件参数在整个系统中只需输入一次，全网数据保持一致，数据和备份数据保持一致。

3）可以建立多种数据集，用于各种场景如训练、测试、计算等。

4）支持将在线数据库保存为离线的文件和将离线的文件转化为在线数据库的功能。

5）对实时数据和历史数据极高的检索效率，解决海量数据环境下查询、统计大量历史数据的效率问题。

6）具备处理带时标的实时数据。在全系统能够统一对时及规约支持的前提下，可以利用数采装置的时标而非主站时标来标识每一个变化的遥测和遥信，更加准确地反映现场的实际变化。

7）具备可恢复性，数据库在主站系统故障消失后，能够迅速恢复到故障前的状态。

(3) 数据备份与恢复。系统应对其中的数据提供安全的备份和恢复机制，保证数据的完整性和可恢复性。主要功能包括但不限于：

1）全数据备份，能够将数据库中所有信息备份。

2）模型数据备份，能够单独指定所需的模型数据进行备份。

3）历史数据备份，能够指定时间段对历史采样数据进行备份。

4）定时自动备份，能够设定自动备份周期，对数据库进行自动备份。

(4) 多态多应用。系统具备多态多应用机制，具体要求包括但不限于：

1）系统具备实时态、研究态、未来态等多种应用场景。

2）各态下可灵活配置相关应用，同一种应用可在不同态下的独立运行，不受干扰。

3）多态之间可相互切换。

（5）权限管理。权限管理能根据不同的工作职能和工作性质赋予人员不同的权限和权限有效期，主要功能包括但不限于：

1）系统的权限定义应采用层次管理的方式，具有角色、用户和组三种基本权限主体。

2）权限配置可与工作站节点相关，不同工作站节点可赋予不同的权限。

3）满足不同岗位用户对所有数据管理和应用权限设置的需要。

4）满足配网各种操作流程的实现对不同岗位用户的权限部署。

（6）告警服务。告警服务应作为一种公共服务为各应用提供告警支持，主要功能包括但不限于：

1）告警服务应具备丰富的告警动作，包括语音报警、音响报警、推画面报警、打印报警、中文短消息报警、需人工确认报警、上告警窗、登录告警库等。

2）可以根据责任区及权限对报警信息进行分类、分流。

3）可根据调度员责任及工作权限范围设置事项及告警内容，告警限值及告警死区均可设置和修改。

4）可通过告警窗中的提示信息调用相应画面。

5）告警信息可长期保存并可按指定条件查询、打印。

（7）报表管理。报表管理为各应用提供制作各种统计报表，主要功能包括但不限于：

1）数据来源支持 DSCADA 数据，及其他各种应用数据。

2）具备报表属性设置、报表参数设置、报表生成、报表打印、报表修改、报表浏览等功能。

3）可按班、日、月、季、年生成各种类型报表。

4）具备定时统计生成报表功能。

（8）人机界面。配电网监控功能应提供丰富、友好的人机界面，供配电网运行人员对配电线路进行监视和控制，主要功能包括但不限于：

1）提供方便、直观和快速的操作方法和方便多样的调图方式，满足菜单驱动、操作简单、屏幕显示信息准确等要求。

2）实时监视画面应支持厂站图、线路单线图、配电网络图、地理沿布图和自动化系统运行工况图等。

3）交互操作画面包括遥控、人工置位、报警确认、挂牌和临时跳接等各类操作执行画面等。

4）可根据需要设置、过滤、闭锁各种类型的数据。

5）支持多屏显示、图形多窗口、无级缩放、漫游、拖拽、分层分级显示等。

6）支持图模库一体化技术。

7）支持设备快速查询和定位。

8）提供并支持国家标准一、二级字库汉字及矢量汉字。

（9）系统运行管理。系统运行管理能够对配电主站各服务器、工作站、应用软件及网络的运行状态进行管理和控制，主要功能包括但不限于：

1）动态监视 CPU 负载率、内存使用率、网络流量和硬盘剩余空间等信息。

2）对整个主站系统中硬件设备、软件功能的运行状态等进行管理。

3）对于硬件设备或软件功能运行异常的节点进行报警。

4）提供完整的在线和离线诊断测试手段，以维护系统的完整性和可用性，提高系统运行效率。

5）提供冗余管理、应用管理、网络管理等功能。

2. DSCADA 功能

（1）数据采集。主要功能包括但不限于：

1）应满足配电网实时监控的需要。

2）能够实现以下各类数据的采集和交换，包括但不限于：

a. 电力系统运行的实时量测，如一次设备（线路、变压器、母线、开关等）的有功、无功、电流、电压值以及主变挡位等模拟量；开关位置、隔离刀闸、接地刀闸位置、保护硬接点状态以及远方控制投退信号等其他各种开关量和多状态的数字量。

b. 保护、安自装置、备自投等二次设备数据。

c. 电网一次设备、二次设备状态信息数据。

d. 控制数据，包括受控设备的量测值、状态信号和闭锁信号等。

e. 各类 RTU/FTU/DTU/TTU 及子站上传的数据。

f. 卫星时钟、周波、UPS 电源、机房的环境监测或其他计算机系统传送来的数据及人工设定的数据。

3）支持数据采集应用分布在广域范围内的不同位置，通过统筹协调工作共同完成多区域一体化的数据采集任务并在全系统共享。

4）应能满足大数据量采集的实时响应需要，支持数据采集负载均衡处理。

5）应支持多种通信协议、多种应用、多类型的数据采集和交换。

6）支持多种通信网络（如光纤、载波、无线等）多种通信方式的信息接入和转发功能。

7）具备错误检测功能，能对接收的数据进行错误条件检查并进行相应处理。

8）具备通信通道运行工况监视、统计、报警和管理功能。

9）能够根据需要设定数据召唤周期，对系统采集实时信息以及对配电终端保存的历史数据进行主动召唤。

10）公网数据采集服务器应能自动保持通信链路的在线连接。

11）公网数据采集应符合国家电力监管委员会电力二次系统安全防护规定。

（2）数据处理。数据处理应具备模拟量处理、状态量处理、非实测数据处理、点多源处理、数据质量码、平衡率计算、计算及统计等功能。

1）模拟量处理。应能处理一次设备（线路、变压器、母线、开关等）的有功、无功、电流、电压值以及主变挡位等模拟值。对模拟量的处理应实现以下功能：

a. 提供数据有效性检查和数据过滤。

b. 提供零漂处理功能，且模拟量的零漂参数可设置。

c. 提供限值检查功能，并支持不同时段使用不同限值。

d. 提供数据变化率的限值检查功能，当模拟量在指定时间段内的变化超过指定阀值时，给出告警。

e. 支持人工输入数据，丢失的或不正确的数据可以用人工输入值来替代。

f. 可以自动设置数据质量标签。

g. 按用户要求定义并统计某些量的实时最大值和最小值。

h. 可支持量测数据变化采样。

i. 进行工程单位转换。

2）状态量处理应能处理包括开关位置、隔离刀闸、接地刀闸位置、保护硬接点状态以及远方控制投退信号等其他各种信号量在内的状态量。状态量的处理应完成以下功能：

a. 状态量用1位二进制数表示，1表示合闸（动作/投入），0表示分闸（复归/退出）。

b. 应支持双位遥信：主、辅遥信变位的时延在一定范围（可定义）之内，不判定错误状态，超过时延范围如果只有一个变位，则判定状态量可疑，并告警。当另一个遥信上送之后，可判定状态量由错误状态恢复正常。

c. 应支持误遥信处理，滤除抖动遥信。

d. 在人工检修时，应打上检修标记但不报警。

e. 状态量应能由人工设定，人工设置的状态与采集状态一致时，应给出提示信息。

f. 所有人工设置的状态量应能自动列表显示，并能调出相应接线图。

g. 支持保护信号的动作计时处理，当保护动作后一段时间内未复归，则报超时告警。

h. 支持保护信号的动作计次处理，当一段时间内保护动作次数超过限值，则报超次告警。

3）非实测数据处理。非实测数据可由人工输入也可由计算得到，以质量码标注，并与实测数据具备相同的数据处理功能。

4）多数据源处理应具备多源数据处理技术，同一测点的多源数据在满足合理性校验经判断选优后将最优结果放入实时数据库，提供给其他应用功能使用。应满足如下要求：

a. 应能定义指定测点的相关来源及优先级。

b. 应能根据测点的数据质量码自动选优，同时也应支持人工指定最优源。

c. 状态估计数据可作为一个后备数据源，在其他数据源无效时可以选用状态估计数据。

d. 选优结果应具有数据来源标志。

5）数据质量码。应对所有模拟量和状态量配置数据质量码，以反映数据的质量状况。图形界面应能根据数据质量码以相应的颜色显示数据。数据质量码至少应包括以下类别：

a. 未初始化数据。

b. 不合理数据。

c. 计算数据。

d. 实测数据。

e. 采集中断数据。

f. 人工数据。

g. 坏数据。

h. 可疑数据。

i. 采集闭锁数据。

j. 控制闭锁数据。

k. 替代数据。

l. 不刷新数据。

m. 越限数据。计算量的数据质量码由相关计算元素的质量码获得。

6）统计计算功能支持统计计算，应能根据调度运行的需要，对各类数据进行统计，提供统计结果，主要的统计功能应包括：

a. 数值统计：包括最大值、最小值、平均值、总加值、负荷率，统计时段包括年、月、日、时等。

b. 极值统计：包括极大值、极小值，统计时段包括年、月、日、时等。

c. 次数统计：包括开关变位次数、遥控次数等。

d. 正确率统计：能统计正遥控正确率和遥信变位正确率。

e. 合格率统计：对电压等用户指定的量进行越限时间、合格率统计。

f. 停电设备统计：统计停电范围，并可按厂站、设备类型等条件分类查询。

g. 运行工况统计：能正确统计配电终端月停运时间、停运次数。

（3）数据记录。应提供事件顺序记录、变化存储、全息历史/事故反演和分析功能。

1）事件顺序记录（SOE）。

a. 应能以毫秒级精度记录所有电网开关设备、继电保护信号的状态、动作顺序及动作时间，形成动作顺序表。

b. SOE 记录应包括记录时间、动作时间、区域名、事件内容和设备名。

c. 应能根据事件类型、线路、设备类型、动作时间等条件对 SOE 记录分类检索、显示和打印输出。

d. 应能选择对某个设备的 SOE 进行屏蔽和解除屏蔽。

2）周期采样。

a. 应能对系统内所有实测数据和非实测数据进行周期采样。

b. 支持批量定义采样点及人工选择定义采样点。

c. 采样周期可选择。

3）变化存储在周期采样存储的基础上，支持量测量变化即存储的能力，记录运行方式的完整历史变化轨迹。

（4）操作与控制。操作和控制应能实现人工置数、标识牌操作、闭锁和解锁操作、远方控制与调节功能。

1）人工置数。

a. 人工输入的数据包括状态量、模拟值、计算量。

b. 人工输入数据应进行有效性检查。

c. 应提供界面以方便修改与电网运行有关的各类限值。

2）标识牌操作。

a. 应提供自定义标识牌功能，常用的标识牌应包括：

• 锁住——禁止对具有该标识牌的设备进行操作。

• 保持分闸/保持合闸——禁止对具有该标识牌的设备进行合闸/分闸操作。

• 警告——某些警告信息应提供给调度员，提醒调度员在对具有该标识牌的设备执行控制操作时能够注意某些特殊的问题。

• 接地——对于不具备接地刀闸的点挂接地线时，可在该点设置“接地”标识牌。系统在进行操作时将检查该标识牌。

• 检修——处于“检修”标志下的设备，可进行试验操作，但不向调度员工作站报警。

b. 应能通过人机界面对一个对象设置标识牌或清除标识牌，在执行远方控制操作前应先检查对象的标识牌。

c. 单个设备应能设置多个标识牌。

d. 所有的标识牌操作应进行存档记录，包括时间、厂站、设备名、标识牌类型、操作员身份和注释等内容。

3）闭锁和解锁操作。

a. 应提供闭锁功能用于禁止对所选对象进行特定的处理，包括闭锁数据采集、告警处理和远方操作等。

b. 闭锁功能和解锁功能应成对提供。

c. 所有的闭锁和解锁操作应进行存档记录。

4）远方控制与调节。

a. 控制与调节类型控制与调节类型应包括：

• 断路器和隔离开关的分合。

• 投/切和调节无功补偿装置。

• 投/切远方控制装置（就地或远方模式）。

• 成组控制：可预定义控制序列，实际控制时可按预定义顺序执行或由调度员逐步行，控制过程中每一步的校验、控制流程、操作记录等与单点控制采用同样的处理方式。

b. 控制种类。

• 单设备控制：常规的控制方式，针对单个设备进行控制。

• 序列控制：应提供界面供操作员预先定义控制条件及控制对象，可将一些典型的序列控制存储在数据库中供操作员快速执行。

• 解/合环控制：提供相应的解/合环控制定义及操作界面，配网主站端完成解/合环控制安全校验，下发相应的控制命令，由其完成控制。

c. 操作方式。

• 支持单席操作/双席操作。

• 支持普通操作/快捷操作。

d. 控制流程。对开关设备实施控制操作一般应按三步进行：选点—预置—执行，预置结果显示在画面上，只有当预置正确时，才能进行“执行”操作。

e. 选点自动撤销条件。在进行选点操作时，当遇到如下情况之一时，选点应自动撤销：

• 控制对象设置禁止操作标识牌。

• 校验结果不正确。

• 遥调设点值超过上下限。

• 当另一个控制台正在对这个设备进行控制操作时。

• 选点后有效期内未有相应操作。

f. 控制信息传递。对属于其他系统（如上级调度自动化系统）控制范围内的设备控制操作，本系统能够通过信息交互接口将控制请求向其提交。

g. 安全措施。

• 操作必须从具有控制权限的工作站上才能进行。

• 操作员必须有相应的操作权限。

• 双席操作校验时，监护员需确认。

• 操作时每一步应有提示，每一步的结果有相应的响应。

• 操作时应对通道的运行状况进行监视。

• 提供详细的存档信息，所有操作都记录在历史库，包括操作人员姓名、操作对象、操作内容、操作时间、操作结果等，可供调阅和打印。

5）防误闭锁应提供多种类型的远方控制的自动防误闭锁功能，包括基于预定义规则的常规防误闭锁、拓扑五防闭锁功能。

a. 常规防误闭锁。

• 应支持在数据库中针对每个控制对象预定义遥控操作时的闭锁条件，如相关状态量的状态、相关模拟量的量测值等，并支持多种闭锁条件的组合。

• 实际操作时，应按预定义的闭锁条件进行防误校验，校验不通过应禁止操作并提示出错原因。

b. 拓扑防误闭锁。

• 不依赖于人工定义，通过网络拓扑分析设备运行状态，约束调度员安全操作。

• 具备开关操作的防误闭锁功能：具备合环提示、解环提示、负荷失电提示、负荷充电提示、带接地合开关提示等。

• 具备刀闸操作的防误闭锁功能：具备带接地合刀闸提示、带电分合刀闸提示、非等电位分合刀闸提示、刀闸操作顺序提示等。

• 具备接地刀闸操作的防误闭锁功能：具备带电合接地刀闸提示、带刀闸合接地刀闸提示、带电压合接地刀闸提示等。

（5）全息历史/事故反演。系统检测到预定义的事故时，应能自动记录事故时刻前后一段时间的所有实时稳态信息，以便事后进行查看、分析和反演。

1）事故反演的启动和处理。

a. 应能以保存数据断面及报文的形式存储一定时间范围内所有的实时稳态数据，可反演事故前后系统的实际状态。

b. 事故反演既能由预定义的触发事件自动启动，也应支持指定时间范围内的人工启动。触发事件包括设备状态变化、测量值越限、计算值越限、测量值突变、逻辑计算值为真操作命令。

c. 应具备多重事故记录的功能，记录多重事故时，事故追忆的记录存储时间相应顺延。

d. 应能指定事故前和事故后追忆的时间段。

2）事故反演。

a. 应提供检索事故的界面，并具备在研究态下的事故反演功能。

b. 应能通过任意一台工作站进行事故反演，并可以允许多台工作站同时观察事故反演。反演的运行环境相对独立，与实时环境互不干扰。

c. 反演时，断面数据应与反演时刻的电网模型及画面相匹配。

d. 应能通过专门的反演控制画面，选择已记录的任意时段内电力系统的状态作为反演对象（局部反演）。

e. 应能设定反演的速度（快放或慢放），并能暂停正在进行的事故反演。

3）全息历史反演。

a. 能反演历史上任一时刻的运行方式断面。

b. 具备将网络分析应用和事故追忆相结合的能力，当反演到某个时刻时，可以直接启动该断面下的状态估计、潮流计算等分析功能。

（6）信息分流及分区。应具有完善的责任区及信息分流功能，以满足配电网运行监控的需求，并适应各监控席位的责任分工。该功能模块主要包括责任区的设置和管理、数据分类的设置和管理，及根据责任区以及应用数据的类型进行相应的信息分层分类采集、处理和信息分流等功能。

1）责任区设置和管理。应支持根据配电线路以及配电管理区域配电网设备划分为不同的责任区域并为其命名。责任区中的对象应支持下列几种情况：

a. 部分配电线路集合。

b. 配电管理区域的各种组合关系。

c. 可以根据需要对具体的某个设备设置其所属的责任区。应提供责任区的在线设置与管理界面，具有如下功能：

- 新定义设备所属责任区。
- 修改设备所属责任区。
- 删除设备所属责任区。
- 具有根据厂站、线路和电压等级批量定义责任区功能。

2）信息分流。系统的每台工作站应能分配一个或多个已定义的责任区域，每台工作站应只负责处理所辖责任区内的信息，实现各个工作站之间的信息分流和安全有效隔离。

a. 实时告警信息窗只显示本责任区范围内的告警信息，无关的告警信息不应出现在该工作站。

b. 历史告警查询只能查询本责任区范围内的告警。

c. 人工操作如遥控、置数、标识牌操作等只对本责任区范围内的对象有效，禁止操作无关的对象。

d. 数据维护如限值修改只能对本责任区范围内的对象有效。

（7）系统时钟和对时。

1）主站系统可采用北斗或GPS时钟对时，可以支持多种时钟源。

2）对接收的时钟信号的正确性应具有安全保护措施，并可人工设置系统时间。

3）主站可对各种终端设备进行对时。

（8）打印。系统具备各种信息打印功能，包括定时和召唤打印各种实时和历史报表、批量打印报表、各类电网图形及统计信息打印等功能。

3. WEB 发布

WEB发布功能主要包括但不限于：

（1）将DSCADA数据以安全的方式进行网上发布。

（2）能够在WEB服务器提供各种报表，供相关人员进行浏览。

（3）在WEB服务器进行严格的权限限制，限制不同人员的浏览范围，从而保证数据的安全性。

5.3.2 扩展功能

1. 模型管理

（1）图模库一体化建模。具备图形制导的网络建模工具根据站所图、单线图等构成配电网络的图形和相应的模型数据，自动生成全网的静态网络拓扑模型，要求包括但不限于：

1）遵循IEC61968和IEC61970建模标准，并进行合理扩充，形成配电自动化网络模型描述。

2）支持实时态、研究态和未来态模型统一建模和共享。

3）具备网络拓扑建模校验功能，对拓扑错误能够以图形化的方式提示用户进行拓扑修正。

4）提供网络拓扑管理工具，用户可以更加直观地管理和维护网络模型。

（2）外部系统信息导入建模。外部系统信息导入建模包括配电GIS或生产管理系统（PMS）导入中压配网模型，以及从调度自动化系统导入上级电网模型，并实现主配网的模型拼接，要求包括但不限于：

1）数据交换格式遵循IEC61968和IEC61970规范。

2）支持SVG、CIM等格式的图模导入。

3）支持线路单线图、线路沿布图、系统联络图等图形的导入。

4）支持图模数据的校验、形成错误报告。

5）支持上级电网模型与配网模型的拼接，以及配电网多区域之间的模型拼接功能。

6）图模导入宜以馈线/站所为单位进行导入。

7）主配网模型拼接宜以中压母线出线开关为边界。

（3）多态管理。应能满足对配电网动态变化管理的需要，提供配电网各态模型的转换、比较、同步和维护功能。主要要求包括但不限于：

1）实时监控操作对应实时态模型，分析研究操作对应研究态模型，运行方式及检修计划对应未来态模型，各态之间可以切换，以满足对现实和未来模型的应用研究需要。

2）支持各态模型之间的转换、比较及动态切换等。

3）能够通过多态模型管理反映配电网模型的动态变化过程。

4）支持多态模型的分区维护统一管理。

5）支持设备异动管理。

2. 馈线故障处理

支持根据故障信息进行故障定位、故障隔离和非故障区域的恢复供电。具体功能要求如下：

（1）故障分析。

1）能够根据故障信号快速自动定位故障区段，并调出相应图形以醒目方式显示（如特殊的颜色或闪烁）。

2）支持各种拓扑结构的故障分析，电网的运行方式发生改变对馈线自动化的处理不造成影响。

3）能够处理配网各种短路故障类型，对于线路上同时发生的多点故障可以综合处理。

4）能够同时处理多重故障，能根据每条配电线路的重要程度对故障进行优先级划分，重要的配电网故障可以优先进行处理。

（2）故障隔离及恢复。

1）可自动设计非故障区段的恢复供电方案，避免恢复过程导致其他线路的过负荷。

2）在具备多个备用电源的情况下，能根据各个电源点的负载能力，对恢复区域进行拆分恢复供电。

3）根据故障定位结果确定隔离方案，故障隔离方案可自动执行或者经调度员确认执行。

（3）故障处理安全约束。

1）可灵活设置故障处理闭锁条件，避免保护调试、设备检修等人为操作的影响。

2）故障处理过程中应具备必要的安全闭锁措施，保证故障处理过程不受其他操作干扰。

3）可对故障信号的正确性进验证分析，发现故障信号可疑时自动终止故障处理，并告警，由调度员人工介入操作。

（4）自动化/人工控制。

1）对于不具备遥控条件的设备，系统通过分析采集“二遥”（遥信、遥测）数据，判定故障区段，并给出故障隔离和非故障区域的恢复方案，通过人工介入的方式进行故障处理，达到提高处理故障速度的目的。

2）对于具备“三遥”（遥信、遥测、遥控）条件的设备，系统在判定出故障区间后，调度员可以选择远方遥控设备的方式进行故障隔离和非故障区域的恢复，或采用系统自动处理的方式进行故障处理。

（5）与分布式故障处理配合。

1）可依据就地分布式故障处理投退信号对主站的集中式馈线故障处理功能进行正确闭锁。

2）就地分布式故障处理的运行工况异常时（如就地通讯故障），主站集中式馈线故障处理能够自动接管相应区域的线路故障处理。

（6）故障处理信息查询。

1）故障处理的全部过程信息应保存在历史数据库中，以备故障分析时使用。

2）可按故障发生时间、发生区域、受影响用户等方式对故障信息进行检索和统计。

3. 电网分析应用

（1）网络拓扑分析。可以根据电网连接关系和设备的运行状态进行动态分析，分析结果可以应用于配电监控、安全约束等，也可针对复杂的配电网络模型形成状态估计、潮流计算使用的计算模型。主要功能包括但不限于：

1）适用于任何形式的配电网络接线方式。

2）分析电网设备的带电状态，按设备的拓扑连接关系和带电状态划分电气岛。

3）支持人工设置的运行状态。

4）支持设备挂牌、投退役、临时跳接等操作对网络拓扑的影响。

5）支持实时态、研究态、未来态网络模型的拓扑分析。

6）可依据配电网络拓扑结构生成数值计算需要的计算网络模型，为状态估计、潮流计算、解合环分析提供计算基础。

（2）网络拓扑着色。拓扑着色可根据配网开关的实时状态，确定系统中各种电气设备的带电状态，分析供电源点和各点供电路径，并将结果在人机界面上用不同的颜色表示出来。主要功能包括但不限于：

1）电网运行状态着色。依据电网拓扑分析的结果，应用不同颜色表示电网元件的运行状态（带电、停电等）。

2）供电范围及供电路径着色。依据电网拓扑分析的结果，显示配电线路的供电范围及供电路径。

3）动态电源着色。依据电网拓扑分析的结果，动态显示不同电源点的供电区域。

4）负荷转供着色。依据负荷转供分析结果，显示负荷转供的所有路径。

（3）状态估计。状态估计利用实时量测的冗余性，应用估计算法来检测与剔除坏数据，提高数据精度，保持数据的一致性，实现配电网不良量测数据的辨识，并通过负荷估计及其他相容性分析方法进行一定的数据修复和补充，主要功能包括但不限于：

1）根据配网特点，采用成熟、高效、实用的状态估计算法，提高计算的收敛性和实时性。

2）计算各类量测的估计值，量测类型包括：电压幅值、有功功率、无功功率等。

3）对配电自动化尚未完全覆盖区域可综合利用集负荷管理、用电信息采集等系统中的准实时数据，补全配网数据，进行综合分析，对实时数据采集较全，配网全网状态可观测的区域，可通过对来自各源头的数据进行一致性校验，实现配电网不良量测数据的辨识。

4）可以人工调整量测的权重系数。

5）启动方式支持人工启动、周期启动、事件触发。

6）结果应满足不同配电网应用分析软件对数据的需求，并可以快速获取。

（4）潮流计算。潮流计算根据配电网络指定运行状态下的拓扑结构、变电站母线电压（即馈线出口电压）、负荷类设备的运行功率等数据，计算节点电压，以及支路电流、功率分布，主要功能包括但不限于：

1）支持实时态、研究态和未来态电网模型的计算。

2）针对配电网的特点，能够针对多种负荷计算模型（如恒定电流、恒定容量、恒定有功等）进行潮流计算。

3）对于配电自动化覆盖区域由于实时数据采集较全，可进行精确潮流计算，对于自动化尚未覆盖或未完全覆盖区域，可利用用电信息采集、负荷管理系统的准实时数据，利用状态估计尽量补全数据，进行潮流估算。

4）潮流计算结束后，能根据线路热稳限值、母线电压限值提示越限告警信息。

5）提供多数据断面的潮流计算结果比对功能。

（5）合环分析。能够对指定方式下的合环操作进行计算分析，结合计算分析的结果对该合环操作进行风险评估，主要功能包括但不限于：

1）可基于实时态、研究态、未来态电网模型进行合环分析。

2）能够实现合环路径自动搜索。

3）对于模型参数完备，相关量测采集齐全的环路，能够计算合环稳态电流值、环路等值阻抗、合环电流时域特性、合环最大冲击电流值，对于缺少上级电源模型或相关量测的环路，能够利用潮流估算的结果，结合工程经验值，对合环最大冲击电流做出估算。

4）能够分析合环操作对环路上其他设备的影响。

5）能够提供合环前后潮流值比较。

（6）负荷转供。负荷转供根据目标设备分析其影响负荷，并将受影响负荷安全转至新电源点，提出包括转供路径、转供容量在内的负荷转供操作方案。主要功能包括但不限于：

1）负荷信息统计。

a. 目标设备设置，包括检修设备、越限设备或停电设备。

b. 负荷信息统计，分析目标设备影响到的负荷及负荷设备基本信息。

2）转供策略分析。

a. 转供路径搜索，采用拓扑分析的方法，搜索得到所有合理的负荷转供路径。

b. 转供容量分析，结合拓扑分析和潮流计算的结果，对转供负荷容量以及转供路径的可转供容量进行分析。

3）转供策略模拟。

a. 支持模拟条件下的方案生成及展示。

b. 模拟运行方式设置。

c. 转供方案报告。

d. 转供过程展示。

4）转供策略执行。依据转供策略分析的结果，采用自动或人工介入的方式对负荷进行转移，实现消除缺陷、减少停电时间等目标，形成闭环控制。

（7）负荷预测。负荷预测是在对系统历史负荷数据、气象因素、节假日，以及特殊事件等信息分析的基础上，挖掘负荷变化规律，建立预测模型，以被预测日各种相关因素为输入，选择适合策略预测未来系统负荷变化。主要功能包括但不限于：

1）根据对系统负荷与相关因素关系的定量分析，将智能化方法与传统方法相结合，根据负荷规律的特点，自动形成最优预测策略。

2）负荷预测应能够支持自动启动和人工启动。

3）应能够考虑各种类型的日期模型（例如工作日、周末和假日等）对负荷的影响，根据不同的日期类型设计相应的预测模型和方法。

4）应能够考虑各种气象因素对负荷的影响，支持基于分时气象信息的负荷预测。

5）应支持多预测模式对比分析。

6）应考虑计划检修、负荷转供、限电等特殊情况对系统负荷的影响。

配电网分析应用对配电网运行状态进行有效分析，实现配电网的优化运行。主要要求包括：

（1）配网分析应用软件综合利用量测采集的实时数据、准实时数据，对配网数据进行补全并综合分析，实现配网全网状态可观测。

（2）配网分析应用软件随着配电自动化建设的深入而逐步建设与深化应用，突出配网分析应用软件的实用价值。

（3）配电网状态估计、潮流计算、负荷预测等功能宜使用在配电网络结构稳定、模型参数完备、量测数据采集较齐全的区域。

4. 配网实时调度管理功能

（1）调度操作票。调度操作票功能应满足调度人员日常操作票管理工作的可靠性、安全性、快速性、方便性等要求。主要功能包括但不限于：

1）调度操作票共享系统网络模型、图形及运行方式，减少二次维护，保证开票环境的真实性。

2）调度员在研究态下进行开票、安全防误校核，任何操作不应影响实时环境，支持自动或手动方式实现操作票模拟环境与实时环境的同步。

3）实现设备状态的智能识别，实现对于不同类型的电气设备不同的运行状态的识别，包括运行状态、热备用状态、冷备用状态、检修状态等。

4）采用图票一体化技术，由调度员在图形界面上点选设备，选择操作任务后，系统自动生成操作票。

5）支持图形开票、操作预演、操作票执行时自动模拟功能，可以将操作步骤自动分解，自动打开图形，自动定位到正在模拟的设备上。

6）在操作票自动模拟过程中，应能自动调用潮流计算功能，在图形上实时显示潮流计算结果。

7）操作票规则库可配置，支持各种操作票的写票、成票以及解释等过程。

8）可以根据用户需要实现操作票流程的自定制。

9）应能实现按人员统计、按操作项目统计、按设备类型统计，可以按年、按月统计操作票数量、合格率等。

（2）保电管理。结合保电计划信息和 DSCADA 信息，实时反映用户保电情况，对调度运行人员的操作给予提示和约束，协助制定检修计划。主要功能包括但不限于：

1）具备保电用户的编辑、查询、动态搜索等功能。

2）提示保电用户相关信息，包括用户类型及用户重要级别等。

3）依据保电信息，自动为保电用户及相关电源点设置和解除保电牌。

4）动态进行操作安全约束校验，确保操作不影响保电用户供电。

（3）多电源用户管理。结合用户信息和 DSCADA 信息，动态反映双电源用户电源点运行方式，主要功能包括但不限于：

1）具备多电源用户的编辑、查询、动态搜索、统计报表等功能。

2）结合多电源信息和配电网络的实时运行方式，协助调度运行人员安全操作，保证多电源要用户的供电可靠性。

（4）停电通知管理。结合未来态配电网络模型信息和计划检修信息，分析停电范围进行相关统计，形成停电用户信息并发布。主要功能包括但不限于：

1）停电范围分析，分析结果能够在图形上以醒目方式标识，并采用列表显示停电的区域。

2）停电信息统计，依据停电范围分析的结果，统计停电区域的相关信息，如停电用户数、丢失负荷容量等。

3）停电信息查询，可按线路、区域、时间范围等条件对历史停电信息进行过滤和查询。

4）停电信息发布等，可将停电分析的结果通过系统信息交互接口向 95598 系统发送，内容包括停电用户信息，停电时间、停电原因等。

5. 系统互联

系统互联应能满足与上一级电网调度（一般指地区电网调度）自动化系统和生产管理系统（或电网 GIS 平台）互连的需要，实现上一级电网和配电网图模向配网系统的导入。

（1）信息交互接口要求。配电自动化系统通过标准化的接口适配器实现与其他系统的信息交互。具体要求包括但不限于：

1）系统交互的数据符合 IEC61968、IEC61970 规范。

2）对外部系统提供的数据能够进行数据完整性和有效性校验。

（2）与相关应用系统的信息交互。配电主站系统宜通过信息交互总线向相关应用系统提供配电网图形（配电网络图、电气接线图、电气单线图等）、网络拓扑、实时数据、准实时数据、历史数据、配网分析结果等信息，也可从相关应用系统获取下列主要信息：

1）上一级调度自动化系统。获取高压配电网（包括 35～110kV）的网络拓扑、变电站图形、相关设备参数、实时数据和历史数据等信息。

2）生产管理系统。获取中压配电网（包括 6～20kV）的相关设备参数、配电网设备计划检修信息、计划停电信息以及配电网图形（配电网络图、电气接线图、电气单线图等）、网络拓扑等。

3）电网 GIS 平台。获取中压配电网（包括 6～20kV）的配电网络图、电气接线图、单线图、地理图、线路地理沿布图、网络拓扑等。

4）营销管理信息系统。获取低压配电网（380V/220V）的相关设备参数和低压公变、专变用户的运行数据、营销数据、用户信息、用户故障信息等。

5）95598 系统获取用户呼叫信息、故障信息和特殊情况信息。

6. 智能化功能

（1）分布式电源/储能/微网接入与控制。满足分布式电源/储能装置/微网接入带来的多电源、双向潮流分布的配电网络监视、控制要求，主要功能包括但不限于：

1）具备对分布式电源/储能设备/微网接入、运行、退出的监视、控制等互动管理功能。

2）实现对接入系统的稳定性分析、安全保护、独立运行、多电源运行机制等功能。

（2）配网自愈化控制。配网自愈化控制是在馈线自动化的基础之上，结合配电网状态估计和潮流计算等分析的结果，自动诊断配电网当前所处的运行状态，并进行控制策略决策，实现对配电网一、二次设备的自动控制，消除配电网运行隐患，缩短故障处理周期，提高运行安全裕度，促使配电网转向更好的运行状态，赋予配电网自愈能力。主要功能包括但不限于：

1）智能预警，支持配电网在紧急状态、恢复状态、异常状态、警戒状态和安全状态等状态划分及分析评价机制，为配电网自愈控制实现提供理论基础和分析模型依据。

2）依据采集到的实时、准实时数据源，进行综合数据分析，快速发现配电网运行的动态薄弱环节，准确捕捉监控要点。

3）校正控制，包括预防控制、恢复控制、紧急控制，各级控制策略保持一定的安全裕度，满足 N－1 准则。

4）支持紧急状态报警及辅助决策，给出多种重构方案并辅助用户进行决策。

5）具备相关信息融合分析的能力，在故障信息漏报、误报和错报条件下能够容错故障定位。

6）支持配电网大面积停电情况下的多级电压协调、快速恢复功能。

7）支持大批量负荷紧急转移的多区域配合操作控制。

8）自愈控制宜延伸至配电高电压等级统一考虑。

（3）经济优化运行。配电网经济优化运行的目标是在满足安全约束的前提下，通过开关操作等方法改变配电线路的运行方式，消除支路过载和电压越限，平衡馈线负荷，使网损最小。主要功能包括但不限于：

1）结合配电网潮流计算分析结果对配电网络进行重构，实现网络优化，提高供电能力。

2）综合分析配电网架结构和用电负荷等信息，并通过改变配网运行方式等相关措施，达到降低配网网损的目的。

3）对电压无功补偿优化配置以及无功补偿装置的在线最优运行调度提供辅助策略，提高配电网经济运行性能。

4）依据在线优化运行分析的结果，采用自动或人工介入的方式实现闭环控制，实现配电网经济优化运行的动态调控。

习题与思考题

5－1　配电自动化系统的主要特点体现在哪些方面？

5－2　配电 SCADA 系统的主要功能是？

第6章　配电地理信息系统

6.1　地理信息系统

美国国家地理信息与分析中心对地理信息系统（Geographic Information System，GIS）给出了如下定义：一种为了获取、存储、检索、分析和显示空间定位数据而建立的计算机化的数据库管理系统。它是介于信息科学、空间科学和地球科学的交叉学科和技术。它将地理学空间数据处理和计算机技术相结合，通过系统建立，操作和模型分析，产生所需的有用信息。地理信息系统技术的创立和发展是与地理空间信息的表示、处理、分析和应用不断发展分不开的。

6.1.1　GIS的发展

我们现在所称的地理信息系统指是以数字地图（或电子地图）为基础的地理信息系统。

1962年加拿大人Roger Tomlison首先提出地理信息系统的概念并领导建立了国际上第一个具有实用价值的地理信息系统即加拿大地理信息系统（CanadaGeographic Information System，CGIS）。随之地理信息系统在全球范围内获得了长足的发展和应用。

早期的GIS系统主要应用于土地资源的管理、城市规划和市政建设等方面。例如土地沙漠化、城市居住区评价、厄尔尼诺现象分析和酸雨等。

我国GIS系统研究起步较晚，20世纪70年代才提出研究倡议，80年代后发展迅速，在理论探索、规范探讨、实验技术、软件开发、系统建立、人才培养和区域试验等方面都取得了突破和进展。1994年4月，我国专门成立了“中国GIS协会”，之后又成立了“中国GIS应用技术协会”，加强了国内各种GIS学术交流，研制推出了Geostar、Citystar和MapGIS等具有自主知识产权的GIS软件。

计算机技术的迅速发展，使得GIS的功能和特点随之发生了巨大变化。近年来计算机大容量存储介质、多媒体技术和可视化技术等陆续引进到GIS中，已使地图的绘制、查询、管理和存储等都发生了深刻的变化。

6.1.2　地理信息系统的主要结构

完整的GIS系统主要有五部分组成，即GIS硬件系统、软件系统、地理数据库、系统管理和开发人员及计算机网络。其中硬软件系统是GIS的核心部分，地理数据库用来表达和组织各种地理数据，系统管理和开发人员则决定系统的工作方式和信息表达方式，计算机网络系统实现数据共享，建立网络GIS系统。

1. 硬件系统

地理信息系统的硬件配置一般包括以下几个部分。

（1）计算机主机。计算机主机可以是单机，也可以组成计算机网络系统来应用。

（2）数据存储设备。包括存储设备的硬盘、磁带、光盘、存储网络等以及相应的驱动设备。

（3）数据输入设备。除了鼠标、键盘和通信端口之外，还有数字化仪、扫描仪、解析和数字摄影测量仪以及全站仪、GPS 接收机等其他测量仪器。

（4）数据输出设备。包括图形终端显示器、矢量/栅格绘图仪、打印机、激光印字机、磁介质硬拷贝机、可擦写光盘和多媒体输出装置等。他们将以图形、图像、文件和报表等不同形式显示数据的分析处理结果。

（5）通信传输设备。用于网络传输和交换的光缆、电缆及附属设备。其中大多数硬件为计算机技术的通用设备，而这些设备在 GIS 系统中被广泛应用，如数字化仪和扫描仪。

2. 软件系统

软件系统是由操作系统、数据库管理系统、GIS 开发平台和 GIS 应用软件组成。操作系统是核心，它是 GIS 日常工作所必需的。目前用户工作站一般采用 Windows 2000、Windows XP、UNIX、Linux、X－Windows、Windows NT Server 等。

数据库管理系统用于管理 GIS 中大量的资料数据和实时动态数据。目前大多数系统选用 Sybase、Informix、Foxpro、Oracle 等关系型数据库管理系统。

GIS 开发平台和 GIS 应用软件：商品化的 GIS 开发平台有许多种，当前我国电力企业用户应用最多的平台是 Arcinfo、GROW 和 Mapinfo。开发工具一般选用 Visual Basic、Visual C＋＋等第三方符合工业标准的编程语言。

GIS 应用软件是利用 GIS 开发技术实现的具体应用软件系统。如配电网 GIS 就是一种应用软件。应用软件的开发应该本着实用性的原则，而不能一味追求超前，这样才能充分发挥 GIS 的作用。当前由于 internet 技术的广泛应用，利用 Web 技术的组件式 GIS 的开发方法已经成为主流。因此，在建设配电网 GIS 系统方面也有了很广的应用。

3. 地理数据库

地理数据是 GIS 研究和作用的对象，是指以空间位置为存在和参照的自然、社会和人文经济景观数据。GIS 数据包括空间数据和属性数据，可以是图形、图像、文字、表格和数字等。

空间数据表达了现实世界经过模型抽象后的实质性内容，即地理空间实体的位置、大小、形状、方向及拓扑几何关系等；属性数据是与地理数据实体相关的地理变量和地理意义，是具体的属性描述数据。

空间数据和属性数据密切相连，共同构成地理数据库，用于系统的分析、检索、表示和维护。地理数据库的建立和维护是一项非常复杂的工作，技术含量高、投入大，是 GIS 应用项目开展的关键内容之一。

4. 系统开发和管理人员

仅有系统的软硬件是不够的，还不能构成完整的 GIS 系统，还需要人进行系统组织、管理、维护和开发。更新数据，完善功能，并灵活采用地理分析模型提供各种信息，为研究和决策服务。因此，系统的管理、维护、使用和开发人员是地理信息系统中的重要构成因素。

5. 计算机网络

20 世纪 90 年代以来，以局域网和广域网为主的计算机网络系统已经形成人类社会信息共享的有效体系。计算机网络利用通信线路将分布在不同地理位置上的具有独立功能的计算机系统或其他智能系统外设联系在一起。

地理信息系统利用计算机网络技术可以实现空间数据的分布式存储和管理、网络资源的共享、重要数据的转移和备份。利用远程通信技术，还可以实现跨国的 GIS 联网，获得更为广泛的共享资源和信息服务。

6.1.3 地理信息系统的研究内容

地理信息系统的研究内容主要有以下几点。

1. 数据录入与编辑功能

数据录入功能包括数据的采集和输入。将系统外部的原始数据传输到系统内部，并将它们从外部格式转换为系统能够识别和处理的内部格式并存储在系统的地理数据库中。一般需要经过地图数字化仪、键盘或者其他方式输入，并进行相应的编辑与处理。

2. 数据的存储与维护

数据的存储与维护主要包括数据文件维护、数据库备份、数据库安全性维护、数据库日常管理与账面登录等子功能。

3. 数据检索与查询功能

数据检索与查询功能主要实现图形对属性的查询以及属性对图形信息的检索与查询等。

4. 数据分析与处理功能

数据分析与处理功能包括对输入数据进行检查与纠正、对图形数据和属性数据的编辑、图形数据和属性数据之间对应关系的校验以及空间数据的误差校正等。

5. 数据输出功能

将用户所需的经过 GIS 处理分析过的图形、数据报表、文字报告、数学数据等以用户能够识别的形式灵活地显示出来。可以采用计算机显示器、打印机、绘图仪、照排机等数据输出设备。输出之前还要进行数据校正，调整误差等必要操作。

6.1.4 GIS 系统中的 AM/FM 功能

AM/FM 是 Automated Mapping/Facilities Management 的缩写，AM 就是自动绘图，包括制作、编辑、修改和管理图形。这些图形可以是地图、设计图或其他图形。自动绘图是通过扫描仪将地图图形输入计算机的。FM 是设备管理，包括各种设备及其属性的管理。如在计算机地理图上标示各种符号，并检索位置坐标及实物图片在内的一切有关资料。AM/FM 有缩放、分层消隐、漫游、导航以及旋转等功能。随着 GIS 的发展，利用 GIS 可以开发出来更强的 AM/FM，并与 GIS 系统一起共同组成 AM/FM/GIS 系统。

6.2 配电地理信息系统的组成

在配电系统中，网络的结构和设备和它们所处的环境密切相关，如变电站、变压器、杆塔、用户设备等和地理坐标紧密结合在一起。而配电的设备管理、运行管理、生产调度、规划设计等不但要了解电网的拓扑关系和设备情况、而且还要掌握它们的空间位置。因此必须将设备和地理位置统一起来进行管理。GIS系统能够综合分析和检索空间定位数据，并且利用数据库技术把空间数据和属性数据一一对应并联系起来，利用可视方式直观、形象的进行查询、统计、分析和输出。方便用户直接进行管理工作。因此GIS系统在配电网自动化中得到了广泛应用。

6.2.1 GIS系统在线和离线两个方面的应用

地理信息系统在配电自动化系统中的应用可分为在线和离线两个方面。离线方面偏重于管理和营业，如用户管理、设备管理、配电运行记录和报告、配电系统查询等。在线方面的应用主要体现在监控、动态显示与管理、动态分析与处理及地理系统强大的拓扑能力应用等，具体有如下几个方面的应用。

1. SCADA系统

编制或自动生成地理位置接线图；显示SCADA实时数据，在地理接线图上实现网络拓扑着色；在地理接线图上，对任意多边形小区的运行工况和设备数据进行统计和分析；将GIS数据和SCADA数据库集成，使实时数据成为GIS数据库相应的元件属性并定时刷新，则GIS就具有了实时性。兼有地理信息和实时数据的GIS系统比起传统的SCADA系统更直观，更真实。例如在GIS屏上，可以改变某条主干线或者分支线路的颜色来表示带电情况，同时该线路供电的街道或者用户的颜色也可以改变，来提醒运行人员。

2. 负荷管理系统

GIS的数据管理功能可以判定负荷属于哪一类，并用不同颜色在地图上进行渲染。在故障处理和停电修复时可以根据负荷类型决定处理的优先级别，并把优先级高的负荷突出显示于地图上。在地理接线图上，对用户的负荷进行统计和分析，实现负荷的调峰、填谷等控制方案及对用户的业务报表、查表收费等。

3. 显示DMS应用软件计算

在GIS上动态显示停电区域，带点区域，供电恢复路径，显示潮流计算结果，预报小区负荷等。

4. 故障电话处理系统

当用户发现停电后，拨打用电服务中心专修电话，为了快速、准确的根据用户打来的大量故障投诉电话判断故障发生的地点以及抢修队目前所处的位置，及时地派出抢修人员，使停电时间最短，GIS系统提供最新的地图信息，设备运行状态信息，故障发生地点信息以及抢修人员所处的具体位置信息，使检修人员可以有准备、快速地到达故障区域，加快检修时间，缩短停电时间。

6.2.2 GIS系统在配电自动化数据管理中的应用

地理信息系统的主要功能是能够综合分析与检索空间数据，利用数据库技术可以把空间数据和属性数据一一对应起来。配电地理信息系统以站内自动化、馈线自动化、负荷控制与管理、用户抄表和自动计费等四个子系统的地理信息管理为目标，并将相关的信息管理和实时信息管理融合进来，实现图形和属性的双重管理功能。

配电自动化系统中，SCADA数据库、DMS数据库和GIS数据库是相互影响和相互关联的。它们既有较大的独立性，也有很多关联。如果能让它们之间实现数据共享，则带来很多优点。其优点如下：

（1）避免数据重复建设，实现各系统数据共享。

（2）避免数据定义的双重性，保证数据安全性，实现系统的同步。

（3）将各系统有机结合，形成完整的一体化应用。

地理信息系统整合这些数据，以设备安装点、所对应的设备、用户位置、符合采集点等空间属性为基础，进行统一管理，并将电力系统的众多数据组织起来，既可保证数据统一性，又可扩展空间属性，使得数据具有现实意义，也使得各功能模块紧密联系，从而提高了配电网的管理水平和工作效率。

6.2.3　配电网GIS系统的功能

配电自动化系统中GIS系统功能主要包括以下几个方面。

1. 数据录入和编辑功能

（1）图形数据的录入和编辑。将各种地图、图片、规划图等地理信息通过数字化仪和扫描仪等工具输入到计算机系统，并能够转换成计算机能够接受的各种形式。这些图形数据范围比较广：配电线路图、电缆敷设图、工程图纸等；变电站接线站内各种设备的相关图纸；地理地形图和线路图叠加图形显示，是地形图和线路可以按实际位置一一对应显示。

对这些图形数据进行及时的编辑整理、修改、删除及进一步的作图处理等。GIS系统将配电网设备按其实际地理位置构造成不同的分层分布图，能够将它们方便的叠加到地理背景图上，并能够用不同颜色区分显示。在需要的时候可以进行详细的查询、显示、维护、修改或者打印、绘制出来，做到方便快捷。

（2）属性数据的录入与编辑。属性数据包括以下内容：

1）配电线路的长度、电缆型号、线路编号、额定电流。

2）变压器编号、名称、型号、安装位置、投运时间、额定电流实验报告、检修情况等。

3）电容器、互感器、母线、开关、电抗器等配电设备的相关数据信息等。

这些数据可以通过GIS系统建立的输入模板进行直接输入，也可以通过系统本身的管理信息网中已有的部分属性数据通过共享的形式直接获取。GIS系统具有对属性数据结合图形进行录入、转换和编辑的功能。

（3）属性数据与图形数据的互访。已经数字化的图形数据和录入的属性数据要能相互对应，才能实现基于图形的查询和管理功能。

（4）图层控制和编辑功能。地图和配电GIS图按类别分层显示。图形可以任意缩放、开窗、平滑漫游，显示全图的概貌窗口，不同比例下的图形信息显示内容的自动调整。图层包括：河流、街道、铁路、建筑物、通信、煤气、自来水、线路、杆塔、变压器、开关等。电力设备还可以按照线路不同分类显示查询。

图层的编辑功能可以编辑图层显示方式，包括字体、颜色、符号、偏移量、比例尺，可以进行新建图层、删除图层、加载等操作。

2. 数据的分析与计算功能

数据分析和关联分析功能比较强是GIS系统的突出优点。

（1）网络实时分析。网络实时分析是指在当前实时状态下，分析并显示供电路径和供电区域，包括从变电站向下跟踪，从开关向上跟踪，从变压器、线路、用户向上跟踪，对供电区域进行负荷统计。对母线电压、变压器温度、用户负荷、馈线电路、网损、潮流等进行分析计算，将网损、潮流、运行方式、故障恢复步骤、状态估计结果等都提供给 GIS 数据库，成为 GIS 数据库中相应元件的属性，并能够定时刷新，使 GIS 具有实时性。当 GIS 数据库中的设备的空间数据和属性数据发生变化时，则要及时将这种变化提供给 DMS 库和 SCADA 库，以保证应用软件分析计算的正确性和 SCADA 信息的正确性。

（2）图表分析。图表分析是指对各种数据进行图表绘制，显示和分析。可自定义纵横坐标，自选图形模式。

（3）网络模拟分析。网络模拟分析是指在地理背景图上对开关进行模型操作，分析并显示供电路径和供电区域，功能和实时分析相同，不影响实际电网运行。

3. 图形的操作和显示功能

（1）显示控制。显示配电系统的设备分布图等注记和文字信息，可分层显示画面，换面还可以进行切换，平移、放大或者缩小。

（2）实时信息显示。可自动访问 DMS 数据库和 SCADA 数据库，显示从数据库中获得的状态量和模拟量，如当前状态、电压、功率、跳闸次数等记录。

4. 信息查询功能

（1）条件查询。从数据库查询图形，按设备数据库属性查找设备地理位置，可对典型设备进行查询、显示、列表和统计。

（2）空间查询。从图形查询数据库，在图形上对任意设备进行定点查询和多边形小区查询，并显示、列表和统计。

6.3　配电地理信息系统与配电 SCADA 系统的集成

配电 GIS 系统完成负荷统计与分析、故障处理、用户电话投诉应答等管理自动化功能，需要从 SCADA 系统获取配电网实时运行数据。而 SCADA 系统从配电 GIS 系统获取地理图形、设备参数等信息，可以在其人机界面上将配电网接线图与地理背景信息有效地结合起来，更加直观的在地理图上表现 SCADA 监控数据、设备运行信息。因此，配电 GIS 系统需要和 SCADA 系统集成，共享数据，以丰富系统功能、增强数据表现能力、使人机界面更友好。此外，配电 GIS 系统与 SCADA 系统集成还能够防止重复建设。避免数据重复录入，是管理维护工作量大为减少，保证了数据的完整性、可靠性和一致性。

配电 GIS 系统与 SCADA 系统的集成有松散集成和紧密集成两种方式。

6.3.1　松散集成方式

SCADA 系统和配电 GIS 系统是两个独立存在的自动化系统，都有各自的支撑平台。二者通过网络通信或专线接口，按照选定的通信协议交换数据，如图 6.1 所示。

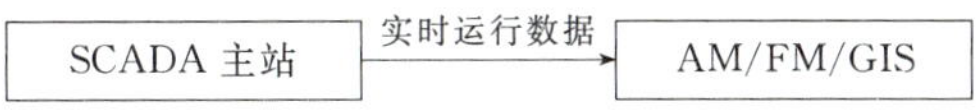

图 6.1　配电 GIS 与 SCADA 的松散集成

6.3.2　紧密集成方式

密集集成是指建设集SCADA系统与配电GIS系统功能于一体的DMS主站，SCADA系统只是为后台系统GIS提供实时数据，同时接受遥控命令，而图形、曲线、报告、告警等传统的SCADA应用功能以及馈线自动化等高级应用功能，都集成在以配电GIS功能为基础的DMS工作站里。

紧密集成方式下的SCADA与配电GIS系统功能在统一的界面下工作，数据管理、维护相对集中。与松散集成方式相比，它很好地实现了SCADA系统和配电GIS系统的信息共享，避免了不必要的重复建设。但紧密集成方式结构复杂，处理的数据量大，对于保证SCADA系统功能的实时性与可靠性不利；此外，系统的规划、设计、建设和维护都带来了不便。我们知道，SCADA系统主要完成运行自动化功能，而配电GIS系统主要完成一些离线的管理功能。SCADA系统对实时性和可靠性的要求要远远大于配电GIS系统。从此角度考虑，不宜将两者集成在一起。

从保证SCADA功能的实时性和可靠性，以及易于建设与维护角度考虑，目前国内建设的SCADA系统与配电GIS系统多采用松散式方式。但是这种方式的数据交换受通信接口速率限制，实时性较差，并且需要定义、配置所交换的数据已经编写通信协议驱动程序，工作量大。

理想的解决方案是遵循IEC61970、IEC61968标准，建设分布式开放系统，实现两个系统的无缝集成。在这种集成条件下，两个系统既相互联系又相互独立，可以灵活通过信息总线从对方获得自己所需要的数据信息。

习题与思考题

6-1　什么是地理信息系统？

6-2　GIS系统的研究内容都有哪些？

6-3　配电GIS系统的功能包括几个方面？

6-4　GIS系统与SCADA系统集成的方式？

第7章　配 电 管 理 系 统

配电管理系统是实现计划用电、节约用电和安全用电的技术手段，也是配电自动化的一个组成部分。该技术通过对负荷的控制来达到改善负荷质量的目的，能使电力部门对分散的电力用户以实时方式进行集中监测和控制，真正实现限电不拉闸的目标，从而确保供用电的平衡，保障电网安全经济的运行，落实计划用电政策，对电力进行合理的调度和科学管理，为计量监测、营业抄收、线损管理等工作提供丰富的电网和用户供电参数。

7.1　负荷控制和管理的意义

电力负荷控制（Load Control）是对用户的用电负荷进行控制的技术措施，简称负荷控制或者负荷技术。实现负荷管理的目的主要是为了解决电力供求之间的固有矛盾，提高电网的经济运行指标，保障电网的安全运行。电力生产的特点是产、供、销同时进行，仅靠电力部门单方面采取强制措施是不够的，还必须有用户的积极参与，才能取得双赢的效果。为了发挥用户在负荷管理方面的积极作用，出现了一种新的管理方式——需求侧管理DSM（Demand Side Management）。

需求侧管理也称需方管理，这种管理技术与过去在缺电情况下采用的计划用电、节约用电模式，在出发点、基本思路和应用手段上有着明显差别。DSM是管理上的一种演进和变革，其实质是运用市场模式、强调利益、满足需求的原则，引导用户改变用电方式、用电时间、合理消费、多用低谷电和季节电，多采用高效率设备。一方面采用合理的峰谷电价差别，调动广大用户参加电力系统调峰；它是利用自动控制技术，由供电公司远方控制用户部分用电设备开关的关断，使用户尽可能地避开日高峰的时段用电，移到低谷时段用电，起到系统削峰填谷作用的技术措施。另一方面对供电部门来说，在保证供电和用电电量平衡的情况下，可以少装发电机组，提高现有发电机组的利用率，使自己的发电成本下降，改善电网的经济性，使国家电力资源得到优化配置；对用户来说，用同样多的电量可以少花钱。因此，对供、用电双方都有着明显的经济效益。

电力公司在电力DSM中处于推进的主体地位，还涉及到政府部门的密切配合，共同对用电市场进行管理，以达到提高供电质量和可靠性，减少能源消耗及供需双方的费用支出，改进供电服务，提高电力用户的工作和生活质量，政府从提高电力资源优化配置、减少燃煤锅炉烟尘和二氧化碳、二氧化硫等有害物质的排放量、保护环境得到的社会效益。这是一举多得的好事，得到了大力提倡和推进。

需方管理其主要内容有削峰、填谷、转移负荷、战略性压负荷、战略性增负荷、形成灵活负荷。前三项是传统电力负荷管理，后三项是DSM新增加的内容。

通过对电力负荷控制优化和管理，对配电网的正常运行有重要意义。优化的措施主要有：经济措施、技术措施、行政措施和宣传措施。这些措施的实施，对国民经济的正常运行有重要的意义。

7.1.1 经济措施

经济措施是优化负荷特征的重要措施，主要通过电价杠杆来调整不同时段的供求关系，已达到调整负荷曲线的目的。近年来，我国现行电价主要有以下几种：

1. 单一制电价

它以客户计费电量为依据，直接与电能电费发生关系而不与其基本装机容量的基本电费发生关系，除变压器容量在 315kVA 及以上的大工业客户外，其他所有用电均执行单一制电价制度。其中容量在 100kVA 及以上的客户还应执行功率因数调整电费办法和丰枯、峰谷电价制度。

2. 两部制电价

两部制电价就是将电价分为两部分，一是基本电价，它反映电力成本中的容量成本，是以用户用电的最高需求或变压器容量计算基本电费；二是电能电价，它反映电力成本中的电能成本，以用户实际使用电量（kW·h）为单位来计算电能电费。对实行两部制电价的用户，还需根据功率因数调整电费。

3. 季节性电价

季节性电价也是一种分时电价，即在一年中对不同季节按照不同的价格水平计费的一种电价制度。实行季节性电价主要解决两类问题。

（1）合理利用电力资源，实行丰枯电价。将 1 年 12 个月分成丰水期、平水期、枯水期三个时期，或者丰水期、枯水期两个时期。在水电比较丰富的地区，丰水期电力供应充足有余，此时电价下调，促进用电，替代其他能源；枯水期电力供应紧张，电价上浮，抑制部分负荷，从而协调供需矛盾。

（2）季节气候差异大，电力需求差异也大。我国多地夏热冬冷气候比较突出，空调负荷常高出春秋两季负荷 20%以上，且持续数月，部分省市空调最高负荷已经达到系统最高负荷的 30%左右。季节性电价可以促进部分工业企业用户把设备的大修、职工休假有计划的安排在高温季节，必要时减产降荷，降低用电成本。

4. 高峰、低谷分时电价

电网的日负荷曲线通常不是一条均衡的直线，而是由高峰有低谷的非线性曲线，而且高峰和低谷的时间存在一定的规律性。采用峰谷分时电价可以引导客户削峰填谷，缓和高峰时段用电矛盾，充分利用电能。

以居民分时电价为例。居民用电占到总用电量的 9%～12%，但负荷性差，最高负荷在某些地区可达最高供电负荷的 40%左右，因此实施分时电价可以在一定程度上抑制居民用电负荷高峰。居民分时用电一般划为两个时段：8：00～22：00，22：00 至次日 8：00，也称黑白电价。白黑比例控制在 1.6～1.8 倍。分时电价一般可以部分转移电热水器、电取暖和洗衣机等负荷。

城市第三产业例如商场、宾馆、学校、写字楼、文化娱乐设施等，夏季高温负荷突出，负荷高峰和电网高峰负荷重叠。电蓄冷空调是其易峰填谷的主要措施，为促进推广，实施特惠电价，专表计量，其电价在原有峰谷分时电价基础上，低谷再下降 10%左右。

5. 阶梯电价制度

阶梯电价在近几年应用的较广泛，它是将客户用电量划分为两个或者多个级别，各个级别的电价不同。梯级电价分为递增型和递减型两种制度。采用阶梯电价的原因是：递减价在鼓励用户增加用电量，开拓电力市场，增供扩销方面有积极作用；递增电价在节能减耗，刺激用户自觉搞好需求管理及照顾低收入家庭方面有积极意义。

6. 功率因数调整电费的办法

我国对受电变压器的容量大于或等于100kVA的工业客户，非工业客户、农业生产客户都实施了功率因数调整电费的办法，以考核客户无功就地补偿的情况。对于补偿好的客户给予奖励，差的给予惩罚。考核的目的在于改善电压质量，减少损耗，使供用电双方和社会都能取得最佳的经济效益。

7. 临时用电电价制度

我国对拍电影、电视剧、基建工地、农田水利、市政建设、抢险救灾、举办大型展览等临时用电实行临时用电电价制度，电费收取可装表计量电量，也可按用电设备容量或用电时间收取。对未装用电计量装置的客户，供电企业根据其用电容量，按双方约定的每日使用量和使用期限预收全部电费，用电中止时，如果使用时间不到约定期的1/2的，可退一般电费，超过的就不退电费，到预定期限的要及时终止供电。

7.1.2　行政措施

行政措施是指政府和相关执法部门通过行政法规、标准、政策来规范电力消费市场和市场行为，以政府的行政力量来推行节能、约束浪费、保护环境的一种管理办法。行政措施具有权威性、指导性和强制性，在培养效率市场方面起着特殊作用。

7.1.3　宣传措施

宣传措施是指采用宣传的方式，引导用户合理消费电能，实现节能。宣传手段有开办节能知识讲座、举办节能产品展示、宣传节能政策、开展节能咨询服务等，特别是对中小学生从小就树立节能概念是非常重要的。

7.1.4　技术措施

技术措施主要包括削峰、填谷和移峰填谷三种。

1. 削峰

削峰是指在电网高峰负荷期较少客户的电力需求，避免增设其边际成本高于平均成本的装机容量，降低发电成本，提高电力运行的经济性和可靠性。常用的削峰手段有两种。

（1）直接负荷控制。直接负荷控制是指在电网高峰期，系统调度人员通过远动或自动装置随时控制客户终端的用电情况。它比较随机，常常影响用户正常的生产和生活，还会造成重大事故，并带来重大经济损失，所以此法近年不常采用。

（2）可中断负荷控制。可中断负荷控制是根据供需合同，在电网高峰期，调度人员向用户发出中断供电信号，经客户响应后，中断部分供电的方法。此法适合对供电可靠性不高的客户。它的削峰能力取决于客户的可中断程度。

2. 填谷

填谷是在电网负荷低谷期增加客户的电力需求，有利于起动系统空闲的发电容量，并使电网负荷趋于平稳，又提高了系统运行的经济性。比较常用的填谷手段如下：

(1) 增加季节性客户负荷。例如在丰水期鼓励客户多用水电。

(2) 增加低谷期用电设备。在夏季出现尖峰时可适当增加冬季用电设备，在冬季时适当增加夏季设备。

(3) 增加蓄能用电。在负荷低谷期把电能投入蓄能装置进行填谷。

3. 移峰填谷

移峰填谷是将电网高峰负荷的用电量需求推移到低谷负荷时段，同时起到削峰和填谷的双重作用。常用的移峰填谷的技术有：

(1) 采用蓄冷蓄热技术。中央空调采用蓄冷技术是移峰填谷最为有效的手段。它在后夜制冷或者制冰并存储，白天在释放出来并转化为冷气。蓄热技术是后夜用电加热器等生产的热能存储在蒸汽或热水蓄热器中，白天应用。两种技术都达到移峰填谷的作用。

(2) 能源替代运行。在用电紧张的时段可以利用太阳能或者燃料替代部分电能。

(3) 调整轮休制度。调整轮休制度是国家长期采用的一种平抑电网日渐高峰的常用办法，在企业间实行周内轮休实现错峰，取得了很大成就。但是它改变了人们正常的工作休息时间，很难让客户接受。此种办法只在一些严重缺电的地区实施。

(4) 调整作业程序。在工厂企业中，把一班制改为两班制，把两班制改为三班制，对移峰填谷起到很大的作用。但是它也改变人们正常的工作和生活，也难让客户接受。

7.2 负荷控制和方法

近年来，负荷控制技术在我国得到了广泛的推广和应用。负荷控制系统是实现电网现代化管理必不可少的技术手段，对建立正常的用电秩序，保证企业、市政和人民的生活用电，维护经济稳定具有十分重要的作用。

7.2.1 负荷控制系统的基本结构

根据目前负荷控制管理的现状，负荷控制系统以市（地）为基础较为合适，整个负荷控制系统的基本结构如图7.1所示。

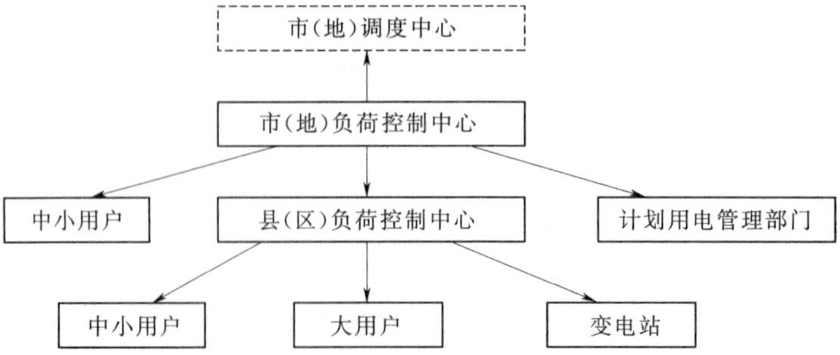

图7.1 负荷控制系统的基本结构

在规模不大的情况下，可省去县（区）负荷控制中心，而让市（地）负荷控制中心直接管理各大用户和中、小重要用户。

7.2.2 负荷控制系统的功能

1. 负荷控制中心主控机的功能

(1) 管理功能。

1) 编制负荷控制实施方案。

2) 日、月、年各种报表打印。

(2) 负荷控制功能。

1) 定时自动或手动发送系统分区、分组的广播命令，进行跳、合闸操作。

2) 发送功率控制、电能量控制的投入和解除命令。

3) 峰、谷各时段的设定和调整。

4) 对分组或单个终端的功率、功率控制时段、电能量定值的设定和调整。

5) 分时计费电能表的切换。

6) 系统对时。

7) 发送电能表读数冻结命令。

8) 定时和随机远方抄表。

(3) 数据处理功能。

1) 数据合理性检查。

2) 画面数据自动刷新。

3) 计算处理功能。

4) 异常、越限或事故告警。

5) 检查、确认操作密码口令及各种操作命令的检查、确认并打印记录。

6) 实时负荷曲线绘制，图表显示和拷贝。

7) 随机查询。

(4) 系统自诊断自恢复功能。

1) 主控机双机自动/手动切换。

2) 系统软件运行异常的显示告警，有自动或手动自恢复功能。

3) 主控制通信机长发告警和保护信道切换指示。

4) 应能显示出整个系统硬件包括信道的工作状态。

(5) 通信功能。

1) 与电力调度中心交换信息。

2) 与上级负荷控制中心或计划用电管理部门交换信息。

3) 与计算机网络通信。

(6) 其他功能。

1) 调试时与终端通话功能。

2) 对配电网中各种电气设备分、合闸操作及运行情况监视的功能。

7.2.3 负荷控制的方法

1. 降压减负荷

因为电压与功率之间存在平方比的关系 $P=U^2/R$，所以电压的变化对负荷影响较大。如电压降低 5%，负荷将减少近 10%。而电网正常运行状态下的不等式约束条件，允许电压在额定值的一定范围内（如10%）变化，这就为在系统高峰负荷期间，通过暂时降低有关线路电压来减轻系统的总负荷提供了可能。

由于配电网大都是辐射性网络，因此，在馈线电路的末端安装一个称为线路电压传送器（Line Voltage Transducer，LVT）的现场FTU，用以监视降压减负荷期间改点的电压，使之不低于允许的最小值。此外，在线路电压调整器（Voltage Reduction Controller，VRC）接收控制中心发出的控制信号，控制线路电压调整器的输入分接头动作。这种负荷控制方式不涉及用户负荷的拉闸限电问题，但供方的投资太多。

2. 用户可控负荷周期控制

这是对用户可控负荷（热水器、空调、冷热水泵、储热系统）最灵活而又有效的一种负荷控制方式。这种控制的基础是一种称之为可寻址的智能电能表，也可称为是一种特殊功能的现场FTU。它除具有三个分时电能TOU（Time Of Use）和一个总电能累加寄存器之外，还有两套三分时的电能累加寄存器，分别记录峰、平、谷不同时段内被控和未控的电能数，以供负荷控制用。这种可以双向通信的现场FTU，寻址范围高达2000000点以上，可按址进行远方读表。此外它还设定有一定数量的（如64个）组地址，用以成组接收工作日和节假日的TOU周期，以及减负荷间隔（如15min）等命令。

控制是按组别进行的，当负荷超过预定的过负荷值时启动。

3. 切除用户可控负荷

这是简单的一种减负荷措施，使用单向通信的负荷管理终端（load management terminal，LMT）即可完成。这种现场FTU一般具有几个可单独寻址的继电器和组地址，并可通过现场更换地址插销的办法实现各种地址组合，如用同一地址控制两个继电器等。

切除用户可控负荷，即可以简单的“跳闸”、“合闸”命令控制，也可以采用负荷周期控制的方式来实现。采用负荷周期控制时，可把切除负荷看成是用户负荷控制的一种极端情况，即：选择最大的减负荷间隔（如60min），并设定执行周期为100%。此时每接近60min即发出一次控制命令，保持减负荷状态不变，直到系统负荷降到预定的复位值为止。

7.3 负荷控制中控制的信号传输技术

负荷控制系统已从负荷分散控制系统发展到负荷集中控制系统。负荷集中控制系统有负荷控制中心、传输信道和负荷终端设备三部分组成。负荷控制中心发出的负荷控制指令经发射装置发射，有信号传输通道传送到位于用户端的接收装置，再由远动终端装置执行负荷控制操作。

负荷控制中心是用来对各负荷终端进行监视和控制的中心站，也称为中控站。

负荷终端设备是装设在用户端，受电力负荷控制中心的监视和控制的设备。分单向终端和双向终端两种。单向终端只能接收负荷控制中心的命令。双向终端既能接收负荷终端的命令，又能将用户信息上传给负荷控制中心，实现双向信息传输。

集中负荷控制的信号传输信道可分为有线信道和无线信道两种，有线信道又分为电力信道与电话线信道两种。现有的控制方式按照原理可分为音频、无线电、载波、工频和电话线五种。

7.3.1 有线负荷控制

有线负荷控制信号的传输是通过电力载波和市话或专用电话进行。其特点是与通信系统共用同一线路，适用于对信号传输实时性要求不高的地方，比较经济实用。在开发使用时，要处理好控制数据传输与通话之间的矛盾，一般采用话路优先来解决。

1. 音频控制

音频控制是指这样一种远方负荷控制系统——既不能使用引导电缆，也不能使用调制方法，从而从位置适中的地点，把音频信号叠加到供电网络上，利用音频信号对连接在远方馈线上的继电器进行控制，从而控制远方的负荷。

这种装置可以发出丰富的命令信号，每个命令信号包含两个音频脉冲，利用脉冲之间经历的时间间隔不同表示不同的命令。第一个脉冲称为“起始脉冲”（starting impulse），第二个脉冲则称为“序脉冲”（order impluse）。位于远方的每个接收继电器都经过调谐设备，只能接收与该设备相对应的那些特定的“序”命令。

音频控制的优点：信号在电网中传输不受外界条件的影响，可靠性高，适宜在负荷广、地形复杂的地区使用。其缺点：音频信号发射机和耦合设备价格高，没有双向终端，所以音频控制为单向传输，只能进行远方控制开关，控制方法停留在拉闸的水平，不能作为计划用电的有效手段，使其发展前景受到限制。

2. 载波

载波控制是将信号调制在高频信号上通过电力路线进行传输。载波通信系统由载波机、电力线路、耦合装置及结合设备组成。载波机系为高频信号震荡发生器，电力线路是高频所要通过的路线。其余是组成部件。载波控制可以实现单、双向传输，载波控制可靠性高，适宜负荷密度大的地区，抗干扰性好，但是施工时和以后的维护涉及大量的变电站一次设备，电力部门投资较大。

3. 工频控制

工频控制技术是一种双向通信方式，它是利用电力传输线作为信号传输途径，并利用电压过零的时机进行信号调制。通过调制电路产生一个轻微的电压波形畸变，位于远方控制点的检测设备能够检测出这个电压波形畸变，并还原出所代表的码元。

工频控制技术的优点是信号发射机简单便宜，适宜在供电电源波形好、负荷小的地区使用。其缺点是信号容易受电网谐波影响，抗干扰能力差，多用于传输信号。

4. 电话线复用控制

电话线复用方式是负荷控制中心站直接接到电话线的各种终端组成。通过中心站自动拨号或随机拨号接通某一终端进行负荷控制。这种控制方式的缺点是不能实现“群控”。

7.3.2 无线负荷控制

无线负荷控制系统是指以无线电作为信息传输通道对地区和用户的用电负荷、电量及时间进行监视和控制的技术管理系统。无线负荷控制系统通过无线电波将各种控制命令发射出去，用户端接收到信号后，经调制解调器解调，并执行相应的命令。

无线负荷控制方式的优点是整个系统自成体系，组网灵活，容易建成双向系统，且覆盖面广，安装调试容易，不涉及变电站的设备，适宜在平原、大用户多的地区使用。

无线电技术的关键在于通信质量，而通信质量又受到地理、环境、气候以及其他外部因素的影响，特别是在丘陵、山区等较为复杂的地区，大面积发展无线电负荷管理系统非常困难，通常采用增加中继站的办法来实现大面积的数据传输，但是在增加中继站的过程中，就增大了电力投资，增加了设备维护量。而且增加之后系统还存在大面积瘫痪的危险，当中继站出现故障后，导致中继站下面的全部终端无法与中心站进行通信，致使大量客户的原始资料丢失。

7.4　抄表技术概述

随着电力技术的稳步发展，绝大多数地区的用电量已没有了限制，一户一表制已基本普及。传统的电能数据的采集方式基本上为手工抄表，需要抄表人员走家串户，劳动量大，数据不准，用电单送达不及时等缺点和问题。另外，由于无法及时采集用户用电量，不能实施分时电价，不能科学区分不同电价的用电量，对实施削峰填谷极为不利。自动抄表技术的实施，能较好地解决上述问题。

7.4.1　电能表发展简述

电能量采集与计费自动化系统的应用，是电力部门实现商业化运作的重要保证，而电能量采集与计费系统中最重要的子系统是作为计量设备的高精度电能表系统。作为电能采集的设备，电能表从机械式电能表发展到机械电子式多功能电能表，再发展到今天电子式多功能电能表。

机械式电能表也称感应式电能表，制造技术成熟、价格低廉、耐用，对各种频率的无线电干扰不敏感。但是功能单一，精确度低，不能适应用电管理现代化需求。

机械电子式多功能电能表是在机械式电能表的基础上发展起来的多功能电能表。但测量精度还不能突破机械式水平，功能不够丰富。从结构上看分为整体式和分体式两种。整体式电能表是将电路集中在表壳内，外观整洁，安装方便，容易密封，但对其性能有影响；分体式电能表部分电路安在表外，对其性能影响小，但是结构上不整洁，安装没整体式方便。

电子式多功能电能表在精度和功能上都远远超越了机械式和机械电子式电能表。微电子技术的高速发展，为电子式多功能电能表的制造提供了技术支撑，其电路集成度不断提高，在电能表内部附近的电子部件体积越来越小，而功能越来越强大，现已取代机械式电能表，成为发展主流。

电子式多功能电能表称为静止式电能表，因为它没有机械转动。但是功能除了具有测量精度高、性能稳定、功耗低、体积小和重量轻之外，还可以进行复费率计算、数据显示及电能存储、有功电能和无功电能记录、失压记录、事件记录、负荷曲线记录、功率因数测量、电压合格率统计和可靠的数据通信功能等，功能非常丰富。

7.4.2　抄表计费的方式

电能表自动抄表（automatic reading meter，ARM），是供电部门将安装在用户处的电能表所记录的用电量等数据通过遥测、传输和计算机系统汇总到营业部门，代替人工抄表及一连串后续工作。

对自动抄表系统的要求：一方面造价低，另一方面数据采集准确，又有一定的环境适应能力和抗干扰能力。因此系统的总体性能在很大程度上取决于通信系统的优劣。

随着电子技术、通信技术和计算机技术的快速发展，演化出很多新的通信方式和通信系统，为电能表自动抄表系统的实现提供了可能。

到目前为止，常见的抄表方式有以下几种。

1. 手工抄表方式

手工抄表方式最早是抄表员携带纸和笔，将用户电能表的读数记录在本上，人工计算用户用电量，生成账单。随着电脑的应用，用电脑处理账单，较人工准确、快速。

2. 本地自动抄表方式

本地自动抄表方式是采用携带方便、操作简单可靠的抄表设备（如电脑或掌上电脑等手提终端），到现场完成自动抄表功能。各表计量具有远红外通信、无线电通信、RS-232接口、RS-485接口、电力载波通信接口等，手持终端通过通信接口自动读取表计数据，到达非接触式完成数据传输的目的，这种方式在表计无法接近时尤为有用。

3. 移动式自动抄表方式

移动式自动抄表方式即车载无线抄表方式。它是利用汽车上装载的无线收发装置，到每个电能计量装置附近，通过无线信号与装置进行通信，实现数据抄录。这种方式，不必到达现场，在附近一定距离内能自动抄回电能数据，降低了抄表过程的工作量，降低了远程抄表中电话线路的租用费用，同时也提高了系统的自动化程度。

4. 预付费电能计费方式

预付费电能计费方式是通过磁卡或IC卡和预付费电能表相结合，实现用户先交钱购回一定电量，当用完这部分电量后自动切断的管理方法。

5. 远程自动抄表方式

远程自动抄表方式是通过电话网，无线电通信、电力线载波通信、有线电视电缆通信、光纤电缆通信、专用线路通信、RS-485或现场总线等多种通信媒体，结合电表上的软件和局内计算机系统，不必外出就可抄回用户电能数据的抄表方式。

下节重点介绍远程自动抄表技术。

7.5 远程自动抄表技术

远程自动抄表系统（automatic meter reading，AMR）是一种不需人员到达现场就能完成自动抄表的新型抄表方式。它是通过电话网，无线电通信、电力线载波通信、有线电视电缆通信、光纤电缆通信、专用线路通信、RS-485或现场总线等多种通信媒体，结合电表上的软件和局内计算机系统进行处理的抄表方式。

7.5.1 远程抄表技术的发展

随着电能计量表从传统的机械式、机械电子式、电子式脉冲表发展到20世纪90年代新型固态智能多功能电子式电能表，远程自动抄表电费计量系统经历了一个由集中式系统转为分布式、网络式、开放型系统的发展过程。电表数据采集也同样有集中式脉冲处理方式（centralized pulse processing，CPP）发展成为分布式直接传送方式（distributed direct transmission，DDT）。

20世纪80年代，脉冲电能表占据了主导地位；90年代，分散式直接传输的智能表变得越来越普遍；近年来，新型固态、智能化、多功能电表的发展，使先进的分布式直接数字传输系统成为可能，并占据主导地位。这种系统的主要特点如下：

（1）分布式直接传送（DDT）系统，采用分布式直接数字传送系统，也就是说数据采集中心通过一个或者多个前置处理机，直接与新型多功能电表进行数据通信，包括电量数据、时标数据、报警信息、电流、电压和频率等相关信息。

（2）系统与电能表的通信可以采用多种灵活的方式，最普通的方式是采用电话交换网。对于实时性要求较高的情形，可以采用专线通信。重要关口表，还可以另配校验表。其他安装在一个厂站内的新型多功能电表，可采用拨号通信方式，在拨号线路较少的厂站，可采用多表共线的方式。

（3）新型多功能电能表本身具有采集、存储和处理电能数据的功能，还可以实现电表间互为备用的工作方式。

（4）新型多功能电能表可以预先编程，实现定时或者在事件发生时主动向上报告电能表本身的信息状态，比如TA断线、TV缺相、电压偏压超限、失电、相序错误、负序和谐波超限等多种重要信息，并配有相应的时标，以便及时发现并采取相应的措施。

采用集中脉冲处理方式（CPP）的系统，电能采集和传输是以电能脉冲计数为基础的，在厂站端必须增加中间转换器，用以存储和传输根据脉冲计数值而得到的电能信息。集中脉冲处理系统的特征和主要问题如下：

（1）传统电能表本身一般只能是以脉冲计数方式输出电量，不具备数字传输的能力，无法产生、存储和输出其他与电量相关的重要信息（如电能表测试数据、输电线路停电统计等），而这些信息，对现代能量管理系统是必要的。

（2）可靠性差电量的远程传输，必须经过一个当地的（厂站端）电能处理器（例如传统RTU，FAG，DATAREG）作为中间转换、存储和传输装置。这种装置不但价格昂贵而且维护复杂，并且这种中间转换装置一旦产生故障，与之相关的所有电表的报警和其他重要信息的上报功能都很难实现。

（3）随着用户要求和技术的发展，智能电能表的功能大大增强，而传统的CPP方式受电能处理器的限制，即使安装新型智能电表，其新功能和特点也无法利用，只能当作脉冲表使用。因为受到通信规约的限制，目前远动规约尚不能很好地发挥智能电表的作用。

（4）由于数据采集中心不能与电能表直接通信，现代能量管理系统所必需的对电能表的下载功能，以及电能表的报警和其他重要信息的上报功能等，都比较难实现。

（5）在脉冲电能表的实际应用中，由于电能表输出脉冲波形的畸变和现场电磁干扰等因素，容易造成计量误差（多计或漏计），影响计量准确性。

7.5.2　远程自动抄表系统分类

根据远程自动抄表系统抄录对象和使用场合的不同，可分为居民型和变电站型两类。

1. 居民型

居民型主要针对居民用电，其特点是应用于10kV及以下电压等级的供电小区，户数多但地域集中，自动抄表系统的设计应与配电网及配电系统自动化紧密联系。

2. 变电站型

变电站型主要针对发电厂、变电站的关口表、网间联络线上的电能表、大型工矿企业的负荷表，其特点是电表地域分布辽阔，主要应用在 110kV 及以上电压等级的电网中，因此其自动抄表系统多与调度自动化及远动系统紧密联系。

配电网中的自动抄表系统是用电营业管理自动化的一个重要手段和组成部分，它的最终目的是自动、集中、定时地抄录各个用户的用电量；按峰谷、季节自动调整并计算电价；通过银行向各用户自动完成收账收款、电费结算、打印收据等工作。

远程自动抄表是比较先进的抄表方式，不但大大降低了劳动强度，而且还大大地提高了抄表的准确性和及时性，杜绝了抄表的不到位、估抄、误抄、漏抄电表等问题。

7.5.3 远程自动抄表系统的构成

远程自动抄表系统一般由数据采集系统、远程通信信道、计费中心计算机网络三部分组成，如图 7.2 所示。远程自动抄表系统是将电量数据从下而上、逐级传送完成的。采集器负责采集用户电表中的数据，数据集中器按照设定的抄表时间，自动集中各采集器中的有关数据，通过通信网络，送入主站计算机系统。

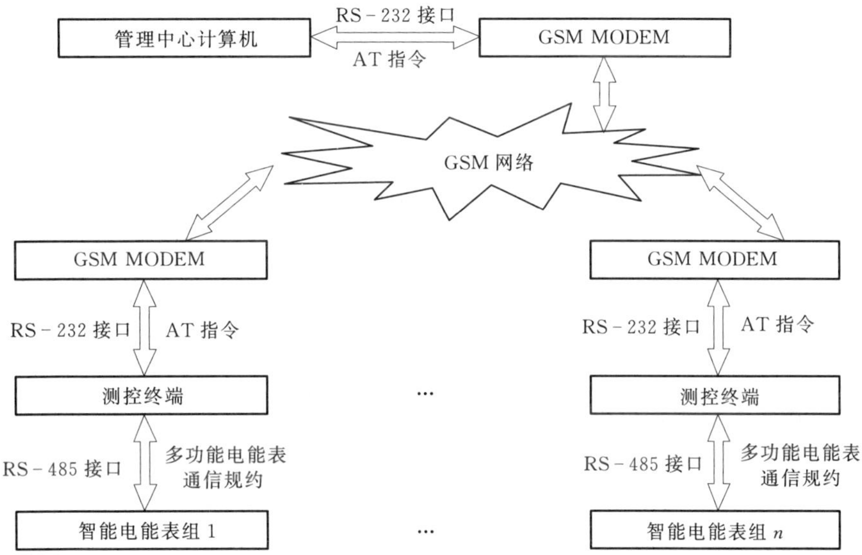

图 7.2 远程自动抄表示意图

1. 数据采集系统

数据采集系统由电能表、数据采集器和数据集中器组成。

（1）电能表。电能表是电能计量的最基本单元。电能表分为：

1）脉冲表。电表按用量的多少，发出相应数量的脉冲，电能量数据采集器计算由电表发出的脉冲，按照规定的比例计算出电量。如果是机械表，须经过改造，在表内加装一个传感器，使其将电表转盘的转数转换成电脉冲送至采集器。

2）数字表。数字表是指在电表中已配置单片机系统，片内可将电量用数字形式表示，而不是用脉冲表示，向外发送也是数字式。这种数字表根据功能大小有许多类型。这种表只要与采集器有相同规约就可以直接被采集器采用。

3）高性能多功能表。这种表功能比较强大，不仅输出数字量，还可以送出各类统计数字。如德国的EMH表，美国ABB公司的Alpha表，这种电表数据可直接读出，并编程。

（2）数据采集器。数据采集器的主要功能是采集数据，处理和存储，电表异常识别，传输电量等数据，记录用户超电量及时间等。数据采集器为多路采集终端，能够将多个电能表数据集中起来，并把数据上传。目前成熟产品有单路、4路、8路、12路和16路采集终端，每一路可接一块电能表。

数据采集器的存储功能强大，可长期存储每分钟、每天所采集的数据，远距离向处理中心传送数据的功能，在传送中发生故障不丢失数据等，还可以有处理中心自动统一校正对时，保证电量计费时间一致。

对于不同系统可采用不同型号电能表，安装场合也不一致，存在一个电表通过何种方式向电能采集器传送数据的问题。数据采集器一般都具有读取脉冲表数据、通过RS-485读取智能表数据，通过RS-232、RS-485、专用电缆、双绞线或红外通道与外部交换数据。电表与数据采集器的距离可以长达几十米，不影响数据采集。

（3）集中器。集中器是指收集各采集器或采集模块的数据，并能够进行存储和处理，同时能够和主站、手抄表进行数据交换的设备。

集中器是中心计算机与各个用户电能表沟通的桥梁，安装在低压配电变压器的附近，集中器存储用电数据并进行数据处理，再把数据传送到数据中心。集中器和采集器可以双向通信，采集终端上传至集中器，集中器能够接收主站命令，依次抄收并储存各采集终端的用电数据，然后通过传输介质将数据传到主站进行数据处理。

集中器一般具有大容量的存储体，掉电后数据不丢失，可长期保存各种数据。数据存储带校验措施，避免无效数据送出。集中器还存储由主站或手持抄表器下发的表计地址、通信规约等运行参数。

集中器还内置有时钟，可以满足分段计费的要求。时钟可经过主站或手持器进行设置和对时。有时采集器和集中器二者合二为一，某些新型智能多功能电能表，可以直接与集中器通信，不用采集器。

如果采集器和集中器距离较远，还需在它们之间加装中继器。

（4）集中器与采集终端的通信信道及组网方式。信道是指信号（数据）传输的媒体，集中器配有M-BUS、RS-485/232、无线通信等通信接口，可实现与表计、手持器和主站之间的通信联系。

集中器、采集终端等设备的信道有上行信道和下行信道。上行信道是指集中器和主站之间的信道，下行信道是指集中器和采集终端（或采集模块）之间的信道。采集终端（或采集模块）的上行信息是指采集终端和集中器之间的信息，下行信息是指采集终端与用户电能表之间的信息。

集中器与采集器之间数据的传输可以有以下几种方式完成。

1）通过低压电力线载波通信。这种传输方式只利用现有的低压电网的电力线路来传输电能信号，无需敷设专用的通信网络，安装简单，节省人力、物力、财力。由于电力线路是专门为传输 50Hz 工频电能而设计的，很难直接满足载波通信的要求，需要根据载波通信的技术要求，采取相应的措施。

但是，利用低压电力线作为传输信道还存在许多问题。首先，电力线上干扰大，特别是用户线路上，家用电器、开关电源等产生高次谐波、各种用电设备的通断产生的瞬时脉冲干扰、各种大功率开关器件的开关产生的宽频谱驻波干扰等。因此，用何种方法抑制干扰，提高通信的可靠性是首要考虑。

其次，不同地方的线路特性可能完全不同，使用线路的种类及线路上的负荷情况都会对高频信号在电力线上的传输产生很大的影响。即使是同一条电力线路，其传输特性也都会随着各种电力负荷的投切而改变。所以通信设备的稳定性和适应不同线路的能力也很重要。为满足这些要求，除了合理设计各部分线路外，还要合理选择调制方式。

另外，对于配电网来说，由于其结构复杂，变压器、分支线、电容器等对高频信号会产生较大的衰耗和失真，因此配电线载波通信使用较低的载波频率，即 5～40kHz，尽管如此，载波信号在配电线上的传输仍会受到比配电线载波通信显著得多的衰减。

此外，配电线载波通信中信号盲区的存在也是一个十分严重的问题。信号盲区发生在配电线上的反射信号，抵消或大大削弱了入射信号的区域。反射往往发生在线路不连续点，如变压器和线路终端设备等处。因此在建设配电线载波通信系统时，必须仔细分析，尽量减少盲区的影响。

2）采集器通过 RS－485 总线采集几十块电表的数据。电能表为具有 RS－485 输出接口的电子表或加装电能量数据采集模块的机械表。采集器将数据送入集中器进行数据集中和处理，抄收区域较大时，多个集中器可以级联。再由最上一级集中器通过远程通信网把电能量传送到抄送中心。这种信道的集中抄表系统，一般数据传输的码差错率较低，抄送成功率较高，但布线的工作量大，安装费用高，而且信道容易受损坏。

3）为解决载波通信的干扰问题，有的自动抄表系统将一栋居民楼中用户的电表全部集中在一个电表箱中，同时在电表箱中安装一台具有电话接口的采集器，连接所用电表，不设集中器，利用每个楼的采集器通过公共电话网直接与计算机中心通信。因而这种方式就不需要载波通信了。

4）扩频通信技术的应用。扩频通信技术是近几年迅猛发展的一门技术。扩频通信技术是一种信息传输方式，其发送的信息通过编码及调制的方法被展宽到一个比信息宽得多的频道上，并与所传信息数据无关，接收端将接收到的信号通过相关解调来解扩，再将其恢复到信息宽带的一种技术，具有很强的抗干扰能力。

扩频通信技术中最常用的方式是直接序列频谱扩展，即将传输信号与准噪声或伪随机序列噪声码相乘来实现。它将信息码的频谱扩展到很宽的范围，近乎至白噪声频段。因而可在噪声电平下传输。在接收端采用相干检测，由于噪声信号和信息码流的相干系数为零，所以可以有效地抵抗干扰，从而保证信息码流恢复的正确性。

2. 远程通信信道

集中器与计费中心计算机网络之间的信息传输是通过远程通信信道实现的。根据通信信道的媒介不同，目前应用较多的是利用公用电话网和无线电台传送方式，还可以利用负荷监控信道直接传送用户电能信息。此外还有电力载波通信、有线电视电缆通信、光纤通信等方式。

(1) 通过公用电话网实现信息传输。目前电话网在城镇快速扩展，利用现用的电话网进行数据通信也是一个经济有效的方案。通过公用电话网实现信息传输是目前使用较多且今后相当一段时间内使用的通信方式。这种方式只需要在计算机系统主机和集中器处各加装调制解调器即可，主机对集中器的呼叫通过拨号由交换机自动完成，非常经济方便。

(2) 采用无线电台的远程自动抄表系统。利用无线电波进行无线通信，对于范围广、分布分散的集中器进行数据通信，是一种较好的选择。

(3) 光纤通信网。光纤通信有很多优点，如频带宽。传输速率高、传输距离远以及高抗干扰性等，非常适合上层通信网的要求。但是光纤本身难以实现T形连接，不能实现总线结构，只能适合星形连接，星形连接节点造价高，安装费用也高。随着光纤技术的发展及大量应用，其系统造价也在下降，它的应用范围越来越大。

3. 计费中心计算机网络

计费中心计算机网络，是电能量数据处理中心，配备专用计算机，它直接从集中器中收集数据。数据收集方式可以是通过调制解调器收集数据或者通过标准的RS－232接口，用手提电脑通过专用串行数据电缆直接连接在集中器上等多种方式收集。

在收集所有的电能量数据采集器的数据后，送入营业管理中心或SCADA系统就可以进行各种所需要的数据处理和提供各种各样的数据表格、数据图形以及各类统计数据。有了电能量数据，就可以产生各种各样的报表。这些工作将由营业管理中心的用电管理系统来完成。

习题与思考题

7－1　需方管理的主要内容是什么？

7－2　负荷控制的方法都有哪些？

7－3　远程自动抄表系统的构成都有哪些？

7－4　常见的抄表方式都有哪些？

参 考 文 献

[1] 杨武盖，路文梅，郑志萍．配电网及其自动化［M］．北京：中国水利水电出版社，2004.
[2] 崔军朝，孟凡钟，陈蕾．配电网实用技术［M］．北京：中国水利水电出版社，2011.
[3] 许克朋，熊炜．配电网自动化系统［M］．重庆：重庆大学出版社，2007.
[4] 林永军，施玉杰．配电网自动化实用技术［M］．北京：中国水利水电出版社，2008.
[5] 谷水清，等．配电系统自动化［M］．北京，中国电力出版社，2007.
[6] 国家电网公司企业标准．Q/GDW　配电自动化主站系统功能规范［S］．北京：中国电力出版社，2010.
[7] 谷水清．配电系统自动化［M］．北京：中国电力出版社，2008.
[8] 龚静．配电网综合自动化技术［M］．北京：机械工业出版社，2008.
[9] 李天友．配电技术［M］．北京：中国电力出版社，2008.
[10] 林永军，施玉杰．配电网自动化实用技术［M］．北京：中国水利水电出版社，2008.
[11] 刘健，倪建立，邓永辉．配电自动化系统［M］．北京：中国水利水电出版社，2003.